Manual of Taxidermy

Ein vollständiger Leitfaden zum Sammeln und Konservieren von Vögeln und Säugetieren

Charles Johnson Maynard

Writat

Diese Ausgabe erschien im Jahr 2023

ISBN: 9789359253480

Herausgegeben von
Writat
E-Mail: info@writat.com

Inhalt

EINFÜHRUNG. ....- 1 -

TEIL I. VÖGEL. ....- 5 -

KAPITEL I. SAMMELN. ....- 6 -

KAPITEL II. Häutende Vögel. ....- 22 -

KAPITEL III. Häute herstellen. ....- 32 -

KAPITEL IV. MONTIERENDE VÖGEL. ....- 41 -

KAPITEL V. STÄNDER MACHEN. ....- 52 -

TEIL II. SÄUGETIERE, REPTILIEN USW. ....- 54 -

KAPITEL VI. SAMMELN VON SÄUGETIEREN. ....- 55 -

Kapitel VII. SÄUGETIERHÄUTE HERSTELLEN. ....- 56 -

KAPITEL VIII. MONTIERENDE SÄUGETIERE. ....- 59 -

KAPITEL IX. REPTILIEN,
BATRACHIEN UND FISCHE BEFESTIGEN. ....- 63 -

EINFÜHRUNG.

Vor 25 oder 30 Jahren waren Amateurvogelsammler eine Seltenheit; Tatsächlich traf man, außer in der unmittelbaren Umgebung von Großstädten, Menschen, die ihre Freizeit damit verbrachten, Vögel zu sammeln, nur um sie zu studieren, so selten an, dass, wenn einer auftrat, seine Beschäftigung so ungewöhnlich war, dass sie für Aufsehen sorgte seiner Nachbarn, und er wurde weithin als äußerst exzentrisch bekannt. Ein solcher Mann galt als harmlos, aber nur als ein wenig „geknackt", und die unteren Schichten blickten ihn mit offenem Mund und Staunen an, während er seinen Hobbys nachging; während die gebildeteren seiner Landsleute ihn mit einer Art gelassener Verachtung betrachteten. Ich spreche jetzt von den Tagen, als die Ornithologie Amerikas sozusagen im Dunkeln lag; denn das strahlende Meteorlicht der Wilson- und Audubon- Zeit war vorüber, und die große Öffentlichkeit vergaß schnell, dass die Vögel und ihre Verhaltensweisen jemals für irgendjemanden an erster Stelle gestanden hatten . Natürlich schrieben Männer wie Cassin, Lawrence, Baird und Bryant ständig über Vögel, aber sie taten es auf eine stille, wissenschaftliche Art und Weise, die die breite Öffentlichkeit nicht erreichte. Möglicherweise hatten die politischen Unruhen, in die unser Land verwickelt war, etwas mit der großen ornithologischen Depression zu tun, die das öffentliche Bewusstsein erfasste. So seltsam es auch erscheinen mag, in den dreißig Jahren nach der Vollendung von Audubons großartigem Werk wurde in Amerika kein allgemeines populäres Werk irgendeiner Art über Vögel geschrieben. Dann erschien Samuels' „Birds of New England", das 1867 veröffentlicht wurde, ein Werk, das offenbar viel dazu beitrug, den Trend zugunsten ornithologischer Studien zu wenden, denn von diesem Zeitpunkt an können wir ein allgemeines Erwachen beobachten. In den Zeitungen und Zeitschriften wimmelt es nicht nur von Artikeln über Vögel, sondern in den folgenden fünf Jahren finden sich auch drei wichtige Werke zur amerikanischen Ornithologie, deren Erscheinen angekündigt wurde: „History of American Birds" von Baird, Brewer und Ridgeway, davon drei Bände erschienen, veröffentlicht im Jahr 1874; Maynards „Birds of Florida", das in Teilen herausgegeben wurde, aber später mit den „Birds of Eastern North America" verschmolz, die 1882 fertiggestellt wurden, und Coues' „Key", veröffentlicht 1872. Weitere Werke folgten schnell, vorerst die populäre ornithologische Flut richtete sich stark auf die Flut aus und stürmte seitdem weiter und sammelte immer wieder Rekruten, bis die Flutwelle der öffentlichen Gunst für ornithologische Aktivitäten von Küste zu Küste unseren großen Kontinent erfasste; und wo es einst nur ein paar einsame Anhänger dieser großartigen Wissenschaft gab, können wir Tausende zählen, und sie kommen immer noch; so dass die Hochwassermarke noch nicht erreicht ist, während diese Flutwelle allem Anschein nach die kommende Generation stärker aufwühlen wird als die jetzige.

Unter all der großen Zahl, die sich für das Studium der Vogelwelt interessiert, gibt es nur wenige, die keine Exemplare sammeln. Vor Jahren, zu Beginn des Studiums, als der einsame Naturforscher niemanden hatte, der mit ihm in seinen Bestrebungen sympathisierte, wurden Vogelhäute normalerweise auf eine Art und Weise hergestellt, die wir heute als schockierend bezeichnen würden. In den letzten fünfzehn Jahren sind jedoch große Verbesserungen zu beobachten, da die Zahl der Ornithologen zugenommen hat und die Möglichkeiten zum Vergleich der handwerklichen Qualität bei der Konservierung von Exemplaren erleichtert wurden. Nachlässig erstellte Sammlungen sind mittlerweile alles andere als wünschenswert; Tatsächlich verlieren selbst seltene Exemplare viel von ihrem Wert, wenn sie schlecht verarbeitet sind. Wenn es an einem Ort genügend erfahrene Sammler gibt, um ihre Notizen über die verschiedenen Verbesserungen zu vergleichen, die jeder bei der Häutung und beim Aufsteigen von Vögeln erzielt hat, hilft einer dem anderen. aber es gibt immer eine Vielzahl von Anfängern, die in abgelegenen Gegenden leben und erfahrene Sammler nicht zu ihren Freunden zählen, und die daher auf die Hilfe schriftlicher Anweisungen angewiesen sind. Daher sind Bücher erforderlich, um sie zu unterrichten.

Dieses kleine Werk soll also den Bedürfnissen von Amateur-Ornithologiesammlern entgegenkommen, wo immer sie auch zu finden sind, denn es wurde von jemandem geschrieben, der zumindest über eine sehr große Erfahrung im Sammeln, Herstellen und Montieren von Fellen verfügt. Er hatte auch den Vorteil, seine Methoden mit denen vieler hervorragender Amateure und professioneller Sammler im ganzen Land vergleichen zu können; und wenn er ihnen auch keinen Nutzen gebracht hat, so hat er doch zumindest viele nützliche Informationen erhalten, und die Ergebnisse all dessen werden nun dem Leser vorgelegt.

Die Kunst der Präparation ist sehr alt und hat ihren Ursprung zweifellos bei den sehr frühen Menschenrassen, die nicht nur die Häute von Vögeln und Säugetieren für ihre Kleidung, sondern auch für Schmuck abnahmen. Auch Vögel und Säugetiere galten oft als Kultobjekte und wurden daher nach dem Tod konserviert, wie bei den alten Ägyptern, die ganze Vögel und Säugetiere einbalsamierten, die als heilig galten.

Aus den rohen Methoden zur Konservierung von Häuten entstand zweifellos die Idee, die Häute in lebensechte Haltungen zu montieren oder zu platzieren. Die ersten zu diesem Zweck ausgewählten Objekte waren natürlich Vögel und Säugetiere mit einzigartiger Form oder leuchtenden Farben als Objekte der Neugier. Spätere Exemplare wurden zu Zierzwecken aufbewahrt, aber es ist wahrscheinlich, dass Vögel oder Säugetiere erst im 17. Jahrhundert gesammelt wurden, ohne dass man sich ihres wissenschaftlichen Werts bewusst war.

Exemplare, entweder montiert oder in Häuten, müssen anfangs grob konserviert worden sein, aber wie in allen anderen Bereichen der Kunst und Wissenschaft begann man, den Wert gut gefertigter Exemplare im Vergleich zu schlecht gefertigten Exemplaren zu verstehen, Handwerker, die sich darin auskennen Kunst erschien und erwies sich als gute Arbeit. Die Kunst, gute Häute herzustellen, wurde in diesem Land jedoch nie verstanden, zumindest bis in die letzten fünfzehn oder zwanzig Jahre, und selbst heute findet man selten gute Arbeiter, die Häute gut und schnell herstellen können.

Naturgemäß wurden viele Methoden praktiziert, um bei Vögeln und anderen Objekten der Naturgeschichte eine lebensechte Haltung zu gewährleisten. Eine gute Gelegenheit, die verschiedenen Reitschulen zu studieren, bieten die Exemplare eines großen Museums, in dem Material aus verschiedenen Orten auf der ganzen Welt gesammelt wird. Ich habe Vögel gesehen, die mit vielen verschiedenen Materialien gefüllt waren, von Baumwolle bis Gips, und ich habe sogar Fälle gesehen, in denen die Haut über einen Holzblock gezogen wurde, der so geschnitzt war, dass er den entfernten Körper nachahmte.

In der Regel bevorzuge ich die weiche Körperfüllung, bei der alle Drähte in der Mitte der Hautinnenseite miteinander verbunden sind, und rundherum Baumwolle oder ein ähnliches elastisches Material einfüllen. Diese Methode ist jedoch sehr schwer zu erlernen und wird, sofern man nicht über große Erfahrung im Umgang mit Vögeln verfügt, keine zufriedenstellenden Ergebnisse liefern. Ich habe daher die im Text beschriebene Hartkörpermethode als die beste empfohlen, da sie leichter zu erlernen ist und in den Händen von Amateuren immer die besten Ergebnisse liefert.

Bei der Häutungsherstellung habe ich zwar zwei Methoden angegeben, die Herstellung in der Form und die Verpackung, aber ich bevorzuge die letztere, da sie bei weitem die beste ist, obwohl sie nicht so einfach zu erlernen ist.

Das Besteigen von Säugetieren und Reptilien und die Herstellung ihrer Häute variieren ebenfalls je nach Individuum, aber ich habe die Methode angegeben, mit der meiner Erfahrung nach Amateure am besten gelingen.

Manche halten die Informationen auf den folgenden Seiten vielleicht für zu spärlich für praktische Zwecke, aber ich habe bewusst darauf verzichtet, lange Anweisungen zu geben, und halte es für viel besser, ein paar gut formulierte Sätze auszudrücken, da sie die Ideen, die ich vermitteln möchte, viel klarer zum Ausdruck bringen. Kurz gesagt, der Leser verfügt über die komprimierten Ergebnisse meiner umfangreichen Erfahrung, und wenn er die hier gegebenen Anweisungen sorgfältig und geduldig befolgt, bin ich sicher, dass er mit seiner Arbeit zufriedenstellende Ergebnisse erzielen wird.

Ich habe versucht, auf den folgenden Seiten die Idee zu vermitteln, dass jemand, der ein erfolgreicher Tierpräparator werden möchte, sein Ziel nicht ohne die größte Sorgfalt erreichen kann; er muss bis zum Äußersten Geduld und Ausdauer an den Tag legen; Es werden Schwierigkeiten auftauchen, aber er muss sie überwinden, indem er sich intensiv mit dem Studium seiner Kunst beschäftigt, und im Laufe der Jahre wird ihm die Erfahrung viel lehren, was er vorher nie wusste. Männer, die heute geschickte Arbeiter sind, haben mir oft versichert, dass ihre ersten Ideen zur Konservierung von Exemplaren [Seite x] meinem „Naturführer" entnommen wurden . Daher vertraue ich darauf, dass die vorliegende kleine Arbeit anderen, die das Märchenland der Wissenschaft betreten, dabei helfen kann, bleibende Erinnerungsstücke vorzubereiten, die nebenbei gesammelt wurden.

CJ Maynard.

TEIL I.
VÖGEL.

KAPITEL I.
SAMMELN.

Abschnitt I.: Fangen usw. — Mehrere Vorrichtungen zum Sichern von Vögeln für Proben können erfolgreich geübt werden , eine der einfachsten davon ist die Kastenfalle, die jedem Schuljungen so vertraut ist. Wenn dieser mit einer Ähre als Köder bestückt und in von Eichelhähern frequentierten Wäldern platziert wird, wenn der Boden mit Schnee bedeckt ist und ein paar Maiskörner als Anziehungskraft verstreut sind, werden diese normalerweise vorsichtigen Vögel es nicht versäumen, in die Falle zu tappen. Ich habe auf diese Weise zahlreiche Vögel gefangen. Tatsächlich war der erste Vogel, den ich jemals gehäutet und bestiegen habe, ein Blauhäher, der in einer Kastenfalle gefangen wurde. Da ich damals noch ein kleiner Junge war, kann ich mich heute nicht mehr daran erinnern, was mich ursprünglich dazu veranlasste, den Vogel zu besteigen, aber der inhärente Wunsch, das Exemplar zu bewahren, muss damals genauso stark gewesen sein wie in späteren Jahren, sonst hätte ich mich nie dazu durchringen können Sinn, einen Vogel kaltblütig zu töten. Tatsächlich ist das Töten des Vogels die schlimmste Art des Fangens; Und wenn ich es nicht sofort tue, während der ersten Aufregung, den gefangenen Vogel zu finden, wird es bei mir wahrscheinlich überhaupt nicht passieren. Spatzen, Schneeammern und eigentlich fast alle Vögel dieser Klasse können im Winter in Kastenfallen gefangen werden. Für diese kleinen Vögel streuen Sie die Spreu so dick über den Schnee, dass sie verdeckt wird. Verwenden Sie dann eine Spindel, auf die Kanariensamen geklebt wurden, als Köder und streuen Sie einen Teil der Samen nach draußen. Andere Fallen können jedoch erfolgreicher für Fringillin-Vögel eingesetzt werden. Zum Beispiel die Klappnetzfalle, bei der sich zwei mit einem Netz bedeckte Flügel über den Vögeln schließen, die von im Schnee verstreuten Samen angelockt werden. Diese Falle, die denen ähnelt, die von Wildtaubenfängern verwendet werden, wird mittels einer langen Schnur geöffnet, deren Ende sich in den Händen einer Person befindet, die in einem benachbarten Dickicht oder einer künstlichen Laube versteckt ist. Eine sehr einfache Falle, die sich jedoch hervorragend zum Fangen von Spatzen eignet, lässt sich herstellen, indem man ein gewöhnliches Kohlesieb an einer Kante neigt und es mit einem Stock, an dessen Mitte eine Schnur befestigt ist, hochhält (siehe <u>Abb. 1</u>). Die Vögel gehen auf der Suche nach Nahrung bereitwillig unter das Sieb, wenn der Fänger, der sich in geringer Entfernung versteckt, den Stock mit Hilfe der Schnur herauszieht; das Sieb fällt und die Vögel werden gefangen. Diese Falle erfordert ständige Beobachtung, was an kalten Tagen nicht sehr angenehm ist; Daher könnte eine meiner eigenen Erfindungen eine viel bessere Falle sein, die „Immer einsatzbereite Vogelfalle" genannt wird. Es besteht aus einem starken, über Draht gespannten Netz und wird auf den Boden oder auf ein Brett in einem Baum gelegt. Wenn möglich, wird ein Lockvogel der gleichen Art wie die zu fangenden Vögel beschafft und in der Rückseite der Falle platziert (siehe Abb. 2). Anschließend betreten die Vögel die Vorderseite der Falle, B; Durchqueren Sie den Weg der Drähte C, die nach der Art der bekannten Rattenfalle nach hinten zeigen, und verhindern Sie, dass sie herauskommen. Diese Falle wird ständig aufgestellt und es werden mehrere Vögel gleichzeitig gefangen. In dieser Falle können Pirolen, Bobolinks, Rosenbrust-Kernbeißer, Stieglitze, Schneeammern, alle anderen Spatzen und Finken, eigentlich alle Vögel, die als Lockvogel oder Köder herkommen, gefangen werden.

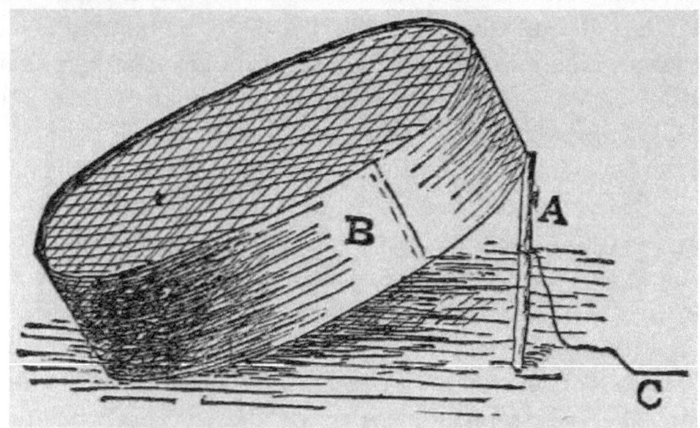

ABB. 1.

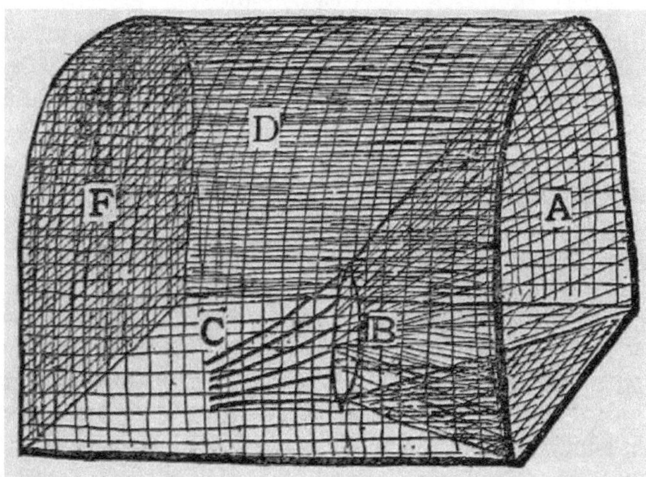

ABB. 2.

Ich habe Eichelhäher häufig in kleinen Schlingen gefangen, ähnlich denen, die beim Kaninchenfang verwendet werden. Auch Wachteln und

Raufußhühner wurden vor der heutigen Zeit auf diese Weise gefangen, aber heute ist es in fast allen Staaten illegal, Wildvögel zu fangen.

Die kleinste Stahlfalle ist äußerst nützlich beim Fang von Falken, Eulen und sogar Adlern sowie vielen anderen großen Vögeln. Eine Möglichkeit besteht darin, es in das Nest des Vogels zu legen, wobei man zunächst darauf achtet, die Eier zu entfernen und sie durch die einer Henne zu ersetzen. Fast alle großen Vögel können auf diese Weise gefangen werden, und bei einigen seltenen Falken oder Reihern ist dies eine ausgezeichnete Möglichkeit, die Eier zu identifizieren. Der oberste Teil eines toten Baumstumpfes, der ein beliebter Rastplatz eines Habichts oder Adlers ist, ist ein guter Ort, um eine Falle aufzustellen; und kleine Falken und Eulen können gefangen werden, indem man die Falle auf einen etwa acht bis zehn Fuß hohen Pfahl auf einer Wiese stellt, besonders wenn es keine Zäune in der Nähe gibt . Falken und Eulen treiben sich auf der Suche nach Mäusen durch Wiesen und landen immer auf einem einsamen Pfahl, wenn sie einen finden können, um ihre Beute zu fressen oder sich auszuruhen, und sind daher sehr geneigt, ihren „Fuß hinein" zu setzen Art und Weise, die für den Sammler ausgesprochen angenehm ist, wenn auch nicht so angenehm für ihn selbst. Stahlfallen können auch auf an Bäume genagelten Brettern, im Wald oder auf Hügelkuppen aufgestellt werden, allerdings sollten sie in diesem Fall mit einem kleinen Säugetier oder Vogel beködert werden. Es ist mir gelungen, Sumpffalken zu fangen, indem ich eine lebende Maus an eine Stahlfalle band und sie auf einer Wiese platzierte, die von diesen Vögeln häufig besucht wurde. Andere Falken und auch Adler können mit Lockvögeln gefangen werden; Das Beste für diesen Zweck ist seltsamerweise ein lebender Virginia-Uhu. Während der Falkenwanderung im Frühjahr oder Herbst wird die Eule an einem stabilen Pflock auf einem offenen Feld oder einer Wiese befestigt und von mit Ködern versehenen Fallen umgeben. Die vorbeiziehenden Falken werden von dem neuartigen Schauspiel einer Eule in solch einer seltsamen Position angezogen und stürzen herab, um einen näheren Blick darauf zu werfen, als sie den Köder bemerken und beim Versuch, ihn zu fressen, gefangen werden. Ein Habicht oder Adler kann auf diese Weise als Lockvogel verwendet werden, aber der Virginia-Uhu ist bei weitem der beste.

Bei der Verwendung von Stahlfallen sollte darauf geachtet werden, dass die Kiefer mit Stoff umwickelt werden, um Verletzungen an den Beinen des gefangenen Vogels zu vermeiden. Geier können in Stahlfallen gefangen werden, indem man sie einfach mit Fleisch jeglicher Art anlockt. Viele Vogelarten können mit der einen oder anderen der angegebenen Methoden erfolgreich gefangen werden. Tatsächlich erhalten wir zu den richtigen Jahreszeiten ständig gefangene Vögel, und so werden viele Falken und Eulen, die schwer zu beschaffen gewesen wären, von unseren Sammlern in großer Zahl erbeutet.

Vogelkalk ist zwar kaum ratsam, wenn die Vögel konserviert werden sollen, kann aber beim Vogelfang für den Käfig von Vorteil sein. Eine kleine Menge davon wird auf einen Zweig oder ein kleines Stäbchen gestrichen, dessen eines Ende leicht in die Kerbe eines aufrechten Astes oder Stängels gesteckt wird, und zwar so, dass der Vogel darauf landen muss, um an den Köder zu gelangen. Der Stock sollte so leicht gehalten werden, dass die geringste Berührung der Füße des Vogels dazu führt, dass er herunterfällt, wenn der Vogel mit seinen Flügeln nach unten streicht, um sich vor dem Fallen zu schützen, und dabei die äußeren Federn gegen den Stock und damit gegen beide schlägt Füße und Flügel werden durch den anhaftenden Kalk daran befestigt. Bei einem seltenen Exemplar kann der Kalk mit Hilfe von Alkohol aus dem Gefieder entfernt werden, oder der Vogel wird ihn rechtzeitig entfernen, sofern er am Leben bleiben darf. Guter Vogelkalk ist schwer zu bekommen; das aus Leinöl und Teer gekochte ist am besten; Dieser Vorgang muss jedoch im Freien durchgeführt werden, da die Mischung äußerst leicht entflammbar ist. Die so erhaltene klebrige Masse muss mit den Händen unter Wasser bearbeitet werden, bis sie die richtige Konsistenz annimmt. Beim Verteilen von Kalk auf den Stäbchen sollten die Finger feucht sein, damit der Kalk nicht daran kleben bleibt. Eine andere Art und Weise, wie ich so ahnungslose Vögel wie Kiefern-Kernbeißer, Kreuzschnabel und Rotkopfhörnchen gefangen habe, besteht darin, eine Schlinge aus feinem Draht am Ende einer Stange zu befestigen und mich vorsichtig einem Baum zu nähern, in dem die Vögel fraßen , haben es geschafft, es über ihre Köpfe zu stülpen, wenn sie flatternd nach unten gezogen und die Schlinge entfernt werden, bevor eine bleibende Verletzung entsteht. Ich habe auf diese Weise sogar Kiefern-Kernbeißer auf freiem Feld gefangen, bin auf einen Baum geklettert und habe sie nur mit der Schlinge, die an einem dicken Stück Draht befestigt war, in meiner Hand gefangen.

ABSCHNITT II.: SCHIEßEN. — Obwohl, wie gezeigt, viele wertvolle Arten durch Fangen, Fangen usw. gesichert werden können, verlässt sich der Sammler hauptsächlich auf seine Waffe. Nachdem dies entschieden ist, fällt dem Anfänger sofort die Frage: Was für eine Waffe soll ich mir zulegen? Natürlich kommen Vorderlader jetzt nicht mehr in Frage; und bei der Vielzahl von Hinterladern auf dem Markt muss man nur seinen Geschmack oder die Länge seines Geldbeutels befragen. Deshalb ist es für mich einfach sinnlos, eine bestimmte Waffenmarke zu empfehlen. Gute einläufige Hinterlader gibt es für neun bis zwanzig Dollar, Doppelläufe kosten ab fünfzehn Dollar. Für normales Sammeln ist ein Zwölfkaliber vielleicht besser als alle anderen, da sich damit Vögel wie Enten, Falken und Krähen problemlos töten lassen. Für Grasmücken, Zaunkönige und andere kleine Vögel ist jedoch eine viel kleinere Kanone fast unverzichtbar, da eine große

Kanone den Schuss mit solcher Wucht abfeuert, dass er nicht nur den Körper des Vogels durchdringt, sondern auch auf der gegenüberliegenden Seite wieder ausgeht ; Somit hinterlässt jeder Schuss zwei Löcher, wenn zum Töten nur eines ausreicht. Diesen Umstand sollte man dann immer im Hinterkopf behalten und in der Regel leicht beladen, mit gerade so viel Pulver, dass das Geschoss gut in den Vogel eindringt, ohne ihn zu durchdringen. In einem 12-Kaliber-Geschütz reichen zwei Drachmen Pulver hinter einer Unze Schrot aus, um einen Vogel wie einen Eichelhäher oder einen Goldspecht aus einer Entfernung von dreißig oder vierzig Metern zu töten; Wenn dann eine stärkere Durchdringung erforderlich ist, kann bei gleicher Schrotmenge mehr Pulver verwendet werden, dies führt jedoch zu einer stärkeren Streuung des Schrots. Eine gute Sammelpistole, die kleine Vögel mit sehr wenig Munition und wenig Lärm tötet, war schon lange ein Wunschtraum. Ich habe viele Arten ausprobiert, aber nichts hat sich als so zufriedenstellend erwiesen wie ein kleines Repetiergewehr, das ich selbst erfunden habe und das von uns hergestellt wird. Diese Waffe besteht aus zwei Messingrohren, einem kleineren in einem größeren, mit einem Luftraum dazwischen, wodurch der Schall stark gedämpft wird; und beide sind sicher an einem fein vernickelten Fünfschuss-Revolver befestigt. Wir stellen zwei Größen her, eine 22er-Gauge, deren Geräusch sehr leise ist, und eine 32er-Gauge, die etwas lautere Geräusche macht. Ersteres tötet Grasmücken aus einer Entfernung von fünfzehn Metern, letzteres aus zwanzig Metern Entfernung, während Vögel wie Eichelhäher, Drosseln und Rotkehlchen mit dem Kaliber 32 aus einer Entfernung von zehn Metern erlegt werden können. Diese Waffe hat mir letzten Winter in Florida gute Dienste geleistet und ich habe damit mindestens zwei Drittel der Vögel getötet, die ich dort gesammelt habe. Der leichte Knall eines solchen Gewehrs erschreckt die Vögel nicht , während die Tatsache, dass man in der sich drehenden Trommel fast immer einen zweiten Schuss parat hat, eine große Hilfe ist, im Falle eines verwundeten Vogels oder beim plötzlichen Auftauchen eines zweiten Exemplar, wie so oft, nachdem das erste gefallen ist. Der Preis dieser Waffe variiert je nach Qualität und Größe zwischen vier Dollar und fünfzig Cent und fünf Dollar und fünfundsiebzig Cent. Blaspistolen, Luftgewehre, Katapulte usw. sind nur in Fällen nützlich, in denen eine Schrotflinte nicht verwendet werden kann, da auf sie kein Verlass ist. Um mit Sicherheit Vögel zu beschaffen, braucht ein Sammler eine gute Schrotflinte. Die in der kleinen Sammelpistole verwendete Munition besteht aus grundierten Kupferpatronen in drei Längen für jede Größe. Für den Schuss verwende ich Staub der Nummern zehn und acht, aber für eine größere Waffe ist manchmal ein gröberer Schuss erforderlich; Sammler – insbesondere Anfänger – neigen jedoch dazu, zu große Schrote zu verwenden. Im Gegenteil, ich schieße nicht gern zu feine Schrote auf große Vögel; So würde ein Habicht, der mit einer schweren Ladung Staubschrot aus zwanzig Metern Entfernung getötet wurde, die Federn sehr stark zerschneiden, wohingegen ein Grasmücke, der auf die gleiche Entfernung geschossen wurde, wahrscheinlich ein gutes Exemplar abgeben würde, da er nur wenige Schrotkügelchen abbekommen würde Schuss, während eine große Anzahl den Falken treffen würde. In der Regel verwenden Sie also Staubschrot für Vögel bis zur Größe eines Zedernvogels, dann Nummer zehn bis zur Größe eines Eichelhähers, danach tötet Nummer acht besser und sauberer, und ich sollte diese Größe so lange verwenden denn es wird die Vögel stürzen; und es ist überraschend zu sehen, wie große Arten damit getötet werden können. Ich habe mit Nummer acht braune Pelikane, Wildgänse und große Falken gefangen und einmal einen Fregattvogel damit gefangen, alles auf gute Entfernungen. Bei sehr großen Vögeln wie Kranichen, weißen Pelikanen oder Adlern habe ich ein Gewehr sehr erfolgreich eingesetzt. Eine Allen -Waffe Kaliber 32 ist meine Lieblingswaffe, und ich habe damit Vögel aus allen Entfernungen von zwanzig bis dreihundertfünfundzwanzig Metern getötet. Natürlich müssen fast alle erfolgreichen Gewehrschüsse auf sitzende Vögel erfolgen, da ich nur wenige getroffen habe, die sie im Flug erlegen konnten. Eine andere gute Methode, um große, scheue Vögel, die in Schwärmen unterwegs sind, zu sichern, besteht darin, mit Schrot zu laden, eine kräftige Pulverladung, etwa drei bis fünf Drachmen, dahinter zu platzieren und dann aus der Entfernung auf den Schwarm zu schießen und dabei das Gewehr schräg anzuheben etwa fünfundvierzig Grad über den Vögeln. Auf diese Weise habe ich beide Pelikanarten in einer Entfernung von zweihundert Metern getötet.

* * *

ABSCHNITT III.: BESCHAFFUNG VON VÖGELN. – Vögel sind fast überall zu finden, tatsächlich gibt es kaum einen Quadratkilometer Land auf der Erde, der nicht zu der einen oder anderen Jahreszeit von einigen Arten bewohnt wird, und viele sind an den Stränden zu finden, und auf dem Ozean selbst. Im Folgenden sind einige der Orte aufgeführt, an denen unsere amerikanischen Arten vorkommen; und vermutlich werden fremde Vögel derselben Familie an ähnlichen Orten vorkommen.

TURDIDAE : DROSSELN. — Von diesen ist das Rotkehlchen am häufigsten und kommt überall vor. Zu den echten Drosseln zählen als nächstes die Olivendrossel, die Einsiedlerdrossel und verwandte Arten. Diese kommen normalerweise in Wäldern vor und sind eher scheu und halten sich auf Distanz. Die Walddrossel bewohnt tief bewaldete Täler. Die Spottdrosseln bevorzugen Dickichte in der Nähe von Behausungen, zum Beispiel der Katzenvogel. Die Braundrossel bewohnt auch Dickichte, mag aber in der Regel die Gesellschaft des Menschen nicht, während die kleineren Drosseln, von denen die Golddrossel ein Beispiel ist, die Wälder bevorzugen; und die beiden Wasserdrosseln kommen in sumpfigen Gegenden vor.

SAXICOLIDÆ : STEINCHATS . — Die Blauvögel sind oft gesellig und bauen in Obstgärten und Bauernhöfen, während die westlichen Arten offenbar Bergklippen als Brutplätze bevorzugen. Der seltene Steinkehlchen kommt meiner Meinung nach in offenen Abschnitten vor, wo er überhaupt vorkommt.

CINCLIDÆ : OUZEL. — Die bei uns einsame Art der Amsel bewohnt die Gebirgsbäche im äußersten Westen.

SYLVIDÆ : ECHTE TRÄLLERER. — Sind vor allem Waldvögel, aber gelegentlich wandern die Könige, vor allem die Goldkronenvögel, an milden Wintertagen in Obstgärten.

CHAMÆIDÆ : WRENTITS . — Die einzige in den Vereinigten Staaten vorkommende Art bewohnt den Salbeibusch im äußersten Südwesten.

PARIDAE : MEISEN. — Kommt auch in Wäldern oder Dickichten vor, einige Arten wandern jedoch im Winter in die Obstgärten.

SITTIDÆ : KLEIBER. – Sind in der Regel Waldvögel, aber die Weiß- und Rotbauchkleiber wandern im Herbst beträchtlich umher, während die Braunkopfkleiber die Kiefernwälder im Süden selten oder nie verlassen.

TROGLODYTIDAE : ZAUNKÖNIGE. — Die Zaunkönige kommen unter den Kakteen im äußersten Südwesten vor, während die Zaunkönige im Dickicht einer ähnlichen Region vorkommen. Die Echten Zaunkönige kommen in Dickichten vor, oft in der Nähe von Behausungen, in denen sie häufig bauen, während die beiden Sumpfzaunkönige sowohl in Salz- als auch in Süßwassersümpfen im ganzen Land vorkommen.

ALAUDIDÆ : WAHRE LERCHEN. — Diese Vögel kommen in den fernen Prärien, an der Küste von Labrador und im Winter an den kargen Küsten des nördlichen und mittleren Abschnitts vor.

MOTACILIDAE : BACHSTELZEN. — Sind auch Vögel des offenen Landes, und die Meisenlerche kommt während der Wanderungen auf Feldern vor, insbesondere entlang der Küste von Maine nach Florida.

SYLVICOLIDÆ : AMERIKANISCHE WALDSÄNGER. – Diese Juwelen der Wälder und Dickichte am Wegesrand gibt es in der gesamten Länge und Breite unseres Landes. Während der Wanderungen sind sie im Allgemeinen verteilt, und es ist daher nicht ungewöhnlich, sogar den Blackburnian Warbler zu finden, der während der Brutzeit vor allem ein Vogel der tiefen Wälder ist und auf offenen Feldern frisst, während ich ihn gefangen habe der Cape May Warbler, der im Sommer in den dichten immergrünen Wäldern des Nordens vorkommt und zwischen den Orangen und Bananen in den Gärten von Key West frisst. Grasmücken sollten daher fast überall gepflegt werden, zwischen Weiden am Bachufer, auf den kargen Hügelkuppen, auf denen kaum Kiefern oder Zedern wachsen, und auf den blühenden Bäumen in Obstgärten. Manche Arten sind außerordentlich scheu, sodass sie eine schwere Ladung Staubschrot benötigen, um zu ihnen zu gelangen, während andere so zahm sind, dass sie einem Sammler neugierig ins Gesicht blicken, wenn er sich seinen Weg durch die von ihnen gewählten Rückzugsorte bahnt.

TANAGRIDÆ : TANAGER. — Diese auffällig gefärbten Vögel kommen meist in den Wäldern vor, gelegentlich besuchen sie aber auch die offenen Abschnitte. Sie sind eher schüchtern und zurückhaltend, und ihre Anwesenheit ist normalerweise an ihrem Gesang zu erkennen.

HIRUNDINIDAE : SCHWALBEN. — Sind Vögel des offenen Landes und kommen in der Nähe von Siedlungen häufiger vor als anderswo. Die violettgrüne Schwalbe kommt jedoch zwischen den Klippen der Rocky Mountains vor.

AMPELIDAE : SEIDENSCHWÄNZE. — kommen in der Regel im offenen Gelände in der Nähe von Siedlungen vor; und sogar die Böhmischen Seidenschwänze kommen im Winter in einigen Städten Utahs reichlich vor und ernähren sich von den Früchten der Zierbäume.

VIREONIDÆ : VIREOS. — Diese weitverbreiteten Vögel halten sich normalerweise gern in Wäldern auf, aber der Weißauge bevorzugt Dickichte in sumpfigen Gegenden, während der Waldsänger selten fernab von Siedlungen anzutreffen ist; tatsächlich bewohnt er häufiger Bäume, die in den Straßen von Dörfern wachsen als in anderen Abschnitten.

LANIIDÆ : WÜRGER. — Man findet sie in offenen Gebieten, oft auf Feldern und in den unbewohnten Indianerjagdgebieten Floridas. Ich fand die Unechten Karettschildkröten an den Rändern der offenen Prärie.

FRINGILLIDÆ : FINKEN, SPATZEN UND KERNBEIßER. — Man findet sie in der Regel hauptsächlich im offeneren Land. Der Kreuzschnabel dringt jedoch in dichte Wälder ein, insbesondere in immergrüne Wälder. Die Kernbeißer, insbesondere die Rosenbrust, bevorzugen die Wälder. Die Blausperlinge kommen wie der Indigovogel auf offenen Feldern vor, die bis zu Büschen wachsen. Die Schneeammer kommen auf offenen Feldern und an kargen Küstenabschnitten vor, während die Spitzschwanz- und Strandfinken in den Sümpfen leben. Die Feldsperlinge, vor allem der Gelbflügelsperling, der Henslow- und der Leconte-Spatz , bevorzugen grasbewachsene Ebenen. Letzten Winter habe ich alle drei Arten dieser Gattung (*Coturniculus*) auf einer Plantage in Westflorida beschafft und sie alle in drei aufeinanderfolgenden Schüssen gesichert, eine Leistung, die, da bin ich mir sicher, noch nie zuvor gelungen ist. Viele dieser grasfressenden Vögel müssen erschossen werden, wenn sie aus dem Gras aufsteigen, um wegzufliegen, aber ich habe es herausgefunden, indem ich hartnäckig war Ich folgte einem Exemplar von Punkt zu Punkt, so dass es sich nach einiger Zeit in einem Gebüsch niederlassen konnte, wenn ich es mit meiner Repetierpistole sichern konnte.

ICTERIDAE : ORIOLEN, AMSELN USW. – Oriolen bevorzugen in der Regel Obstgärten und Zierbäume in der Nähe von Wohnhäusern, kommen aber manchmal auch in offeneren Wäldern vor. Die Sumpfamseln bevorzugen wie die Amseln und die Amseln feuchte Wiesen. Der Rost- und Brauerfisch kommt in Sümpfen vor. Die Krähenamsel und die Amsel kommen auf Feldern und an Bachrändern vor.

CORVIDÆ : KRÄHEN, EICHELHÄHER USW. – Diese kommen normalerweise in Wäldern oder Dickichten vor. Krähen tummeln sich im Winter in großer Zahl an der Küste und können durch das Freilegen von mit Strychnin vergiftetem Fleisch geschützt werden, da sie es in der rauen Jahreszeit häufig fressen. Kanada- und Blauhäher kommen in Wäldern vor, während die Florida- und Kalifornienhäher im Dickicht leben.

TYRANNIDÆ : FLIEGENFÄNGER. — Sind weit verbreitete Arten. Die Königsvögel sind in den offeneren Abschnitten zu finden, und das Gleiche gilt für die Haubenschnäpper. Der Brückenkiesel besiedelt die Nähe von Wohnhäusern, während der Waldkiesel in Wäldern vorkommt. Die wenigsten Fliegenschnäpper bevorzugen Obstgärten, die meisten Exemplare der Gattung *Empidonax* kommen jedoch in Wäldern oder Dickichten vor.

CAPRIMULGIDÆ : ZIEGENFRESSER. — Die Peitschen-Armen-Witwe und die Chuck-Wild-Witwe kommen im dichten Wald vor, kommen gelegentlich nachts zum Vorschein, weichen aber selten von ihren Rückzugsorten ab. Eine gute Möglichkeit, diese Vögel zu sichern, besteht darin, den Punkt, an dem man zu singen beginnt, so genau wie möglich zu notieren; Verstecken Sie sich dann am nächsten Abend in der Nähe der Stelle, an der der Vogel aus seinem Rückzugsort auftaucht und sich auf einem bestimmten Felsen, Pfosten oder Ast niederlässt, auf dem er sich ausnahmslos niederlässt und sein Lied ausstößt. Wenn der Vogel zu diesem Zeitpunkt zu weit entfernt ist, um ihn zu sichern, kann er leicht an einem anderen Abend vom Sammler gefangen genommen werden, der sich näher aufstellt. Diese Vögel können auch bei Tageslicht aus ihrem Versteck gestartet und somit geschossen werden. Die Nachtschwärmer bewohnen die offeneren Abschnitte, sitzen aber tagsüber auf Bäumen. Sie können beim Überfliegen der Felder leicht gesichert werden.

CYPSELIDÆ : MAUERSEGLER. — Der Weißkehlsegler kommt in den Felsspalten der Rocky Mountains vor und ist äußerst schwer zu beschaffen. Der bekannte Schornsteinsegler bewohnt fast überall Schornsteine, aber da er sich nie außerhalb dieser Rückzugsorte niederlässt, muss er mit dem Flügel geschossen werden.

TROCHILIDÆ : KOLIBRIS. — Sie bewohnen in der Regel offenes Gelände. Ich habe eine Anzahl unserer Rubinkehlchen auf Kirschbäumen befestigt, als diese blühten, und später auf Blumenbeeten; und ich vermute, dass die westlichen Arten in ähnlichen Situationen anzutreffen sind. Ich erschieße sie mit leichten Staubladungen, die ich aus meiner Sammelpistole abfeuere.

ALCIDINIDAE : EISVÖGEL. — Diese lauten Vögel kommen häufig in der Nähe von Bächen vor. Sie sind schüchtern und benötigen eine starke Ladung Nummer acht, um sie zu Fall zu bringen.

CUCULIDÆ : KUCKUCKE. – Der Roadrunner von Kalifornien, Texas und mittleren Lokalitäten kommt im Salbeibusch vor, aber unsere Kuckucksarten, sogar die Mangroven, bewohnen Dickichte, aus denen sie gelegentlich hervorkommen. Sie werden normalerweise durch ihre Notizen verraten. Sie sind leicht zu töten, da ihre Haut sehr dünn und empfindlich ist.

PICIDÆ : SPECHTE. — Kommt in der Regel in Wäldern vor, aber die kleineren Arten und die Goldflügelige Art kommen auch in Obstgärten vor. Sie alle sind schwer zu tötende Vögel. Es handelt sich um eine weitverbreitete Familie, aber einige Arten sind auf bestimmte Orte beschränkt, zum Beispiel kommt der Große Elfenbeinschnabel nicht außerhalb von Florida vor, und selbst dort ist er auf ein begrenztes Gebiet beschränkt und sehr selten. Der Strickland-Specht wurde in den Vereinigten Staaten bisher nur in einer einzigen Gebirgskette in Arizona gefunden.

PSITTACIDAE : PAPAGEIEN. — Unser Carolina-Parkett ist heute außerhalb Floridas äußerst selten und kommt dann in der Nähe von Zypressensümpfen vor, besucht aber gelegentlich die Plantagen.

STRIGIDÆ : EULEN. — Die Kanincheneule kommt in den westlichen Ebenen und in einem begrenzten Gebiet Floridas vor. Die Schneeeule bewohnt im Winter Sandhügel an der Küste, und die Sumpfohreule kommt in den Sümpfen vor, aber alle anderen Arten sind Vögel der tiefen Wälder, die jedoch gelegentlich, besonders nachts, auftauchen. Das große Horn- und Barrenhuhn kann im Frühjahr durch Nachahmung seiner Schreie in Schussweite angelockt werden, und die letztgenannten Arten fliegen auch eifrig auf den Sammler zu, wenn dieser ein quietschendes Geräusch von sich gibt, das dem einer Maus ähnelt. Die kleinen Eulen sind oft in Baumhöhlen zu finden.

FALCONIDÆ : FALKEN, ADLER USW. – Sumpffalken kommen auf Feldern, Wiesen und Sümpfen vor. Everglade-Milane kommen in den ausgedehnten Savannen Floridas vor, während der Schwalbenschwanz-Mississippi und der Weißschulter-Milan in den Prärien im Süden und Westen anzutreffen sind. Die Bussardfalken halten sich meist in Wäldern auf, während der

Wanderungen fliegen sie jedoch hochfliegend über die Felder. Der Fischfalke kommt an der Meeresküste häufig vor, besucht aber auch die Teiche und Seen im Landesinneren. Der Entenfalke liebt Felsspalten und wandert entlang der Meeresküste. Der Spitzkinnsperling und die Taube kommen oft in einzelnen Bäumen auf Feldern vor, wo sie Mäuse jagen, kommen aber auch in offenen Wäldern vor. Der Weißkopfseeadler kommt am Meeresufer oder auf großen Gewässern vor, der Steinadler bevorzugt jedoch die Bergregionen.

CATHARTIDÆ : GEIER. — Kommt überall im Süden vor. Der große Kalifornische Geier ist mittlerweile sehr selten.

COLUMBIDAE : TAUBEN. — Man findet sie normalerweise auf Feldern, aber die Wildtaube wird oft im Wald gefangen. Die Bodentauben halten sich auf mit Dickicht gesäumten Feldern auf, in die sie sich bei Alarm zurückziehen. Zwei oder drei Arten gibt es auf den Florida Keys und etwa ebenso viele weitere in Texas.

MELEAGRIDÆ : TRUTHÄHNE. — Wildtruthähne kommen in der Wildnis des Südens und Westens vor. Sie bewohnen in der Regel offene Wälder und halten sich nachts oft in Sümpfen auf.

TETRAONIDEN : AUERHÜHNER, WACHTELN USW. – In den Wäldern kommen das Kanadahuhn, das Raufußhuhn und verwandte Arten vor. Das Prärie-Scharfhuhn und das Salbeihuhn kommen in den Ebenen des Westens vor, während das Schneehuhn in den trostlosen Regionen des Nordens lebt. Die Gemeine Wachtel ist im offeneren Land weit verbreitet, von Massachusetts bis Texas, und die gefiederten kalifornischen und verwandten Arten kommen im Südwesten vor und halten sich häufig im Dickicht der Prärien oder entlang der Berghänge auf.

CHARADRIDÆ : REGENPFEIFER. — Dabei handelt es sich in der Regel um Seevögel, vor allem während der Wanderungen nach Süden, viele Arten brüten aber auch im Landesinneren, und der Kildeer und der Bergregenpfeifer kommen immer häufiger an Süßwasserkörpern vor. Allerdings kommt keine dieser Arten fernab von Gewässern vor, sondern sie alle suchen auf trockenen Feldern nach Nahrung.

HÆMATOPODIDÆ : AUSTERNFISCHER UND STEINWÄLZER. — Alle diese Vögel leben an der Meeresküste. Sie kommen in Austernbänken oder zwischen Felsen vor.

RECURVIROSTRIDÆ : SÄBELSCHNÄBLER UND STELZENLÄUFER. — Beide Arten sind Vögel des Landesinneren und kommen im Süden und Westen in der Nähe von Gewässern vor.

PHALAROPODIDAE : PHALAROPES. — Diese einzigartigen Vögel kommen vor der Küste vor, im Winter oft weit draußen auf dem Meer, aber seltsamerweise brüten sie im Landesinneren und nisten im gesamten Nordwesten und Norden. Gelegentlich findet man sie jedoch während der Nordwanderung, insbesondere bei Stürmen, an der Küste.

SCOLOPACIDÆ : BEKASSINEN, WALDSCHNEPFEN USW. – Waldschnepfen und Bekassinen kommen normalerweise in Süßwassersümpfen vor, besonders im Frühling. Die echten Strandläufer, wie Guckvögel, Grasvögel usw., suchen die Teiche in den Sümpfen auf oder begleiten die Sanderlinge an den Stränden. Die Schnepfe kommt in den Sümpfen vor, ebenso wie die Rothalsschnepfe, aber der Große Brachvogel bewohnt Hügelkuppen, besonders während der Herbstwanderung. Ich habe jedoch den Großen Brachvogel an den Stränden Floridas gefunden. Willets und Yellow-Legs kommen in den Sümpfen oder an den Rändern von Bachläufen vor.

TANTALIDÆ : IBISSE UND LÖFFLER. — Kommt an den Rändern von Bächen und anderen Süßwasserkörpern oder auf Wattflächen im äußersten Süden vor.

ARDEIDÆ : REIHER. — Dies sind weit verbreitete Vögel. Die Echten Reiher kommen an den Rändern von Gewässern vor, sowohl an der Küste als auch im Landesinneren, während die Rohrdommeln in der Regel nur das Süßwasser heimsuchen.

GRUIDÆ : KRANICHE. — Kommt in den Prärien im Westen und Süden vor und hält sich häufig in der Nähe von Gewässern auf.

ARAMIDÆ : COURLAN. — Der bekannte Schreivogel kommt nur in Florida vor und bewohnt die Sümpfe entlang der Flüsse und Seen im Landesinneren.

RALLIDÆ : RALLEN, GALLINULES UND BLÄSSHÜHNER. — Die Echten Rallen leben in sehr feuchten Sümpfen, sowohl Salz- als auch Frischmooren, und verbergen sich im Gras. Gallinules und Blässhühner kommen an den Rändern von Süßwasser vor.

PHŒNICOPTERIDÆ : FLAMINGOS. — Der Flamingo kommt nur bei uns vor, in den ausgedehnten Wattflächen im äußersten Süden Floridas, wo er äußerst schwer zu beschaffen ist und sehr scheu ist.

ANATIDEN : GÄNSE, ENTEN USW. – Dies sind alles Bewohner des Wassers, die selten weit davon entfernt anzutreffen sind. Einige Arten, wie die Krickente, bevorzugen abgelegene Teiche im Landesinneren, während die Waldente und andere häufig Waldbäche besuchen; und die Eiderenten und Meeresenten sind in den Gewässern des Ozeans reichlich vorhanden.

SULIDAE : TÖLPEL. — Außer während der Brutzeit halten sich diese Vögel gut auf dem Meer und sind daher recht schwer zu beschaffen. Bei schweren

Stürmen besteht die Gefahr, dass alle Meerestiere ins Landesinnere getrieben werden, und der Sammler sollte es nicht versäumen, solche Umstände auszunutzen.

PELECANIDÆ : PELIKANE. — Der Braunpelikan ist an der äußersten Südküste beheimatet und kann auf Sandbänken oder auf Bäumen in unmittelbarer Nähe von Wasser gefunden werden. Der weiße Pelikan kommt im Winter an ähnlichen Orten vor, wandert aber im Sommer nach Norden und brütet im Landesinneren, von Utah bis in die arktischen Regionen.

GRACULIDÆ : KORMORANE. — Kommt auf Sandbänken im Süden oder auf felsigen Klippen im Norden und an der Pazifikküste vor. Während der Wanderungen halten sie sich weit draußen auf dem Meer auf. Gemeinsam mit den Basstölpeln und Pelikanen haben sie die Angewohnheit, sich auf kargen Sandzungen niederzulassen, die aus dem Wasser ragen.

PLOTIDAE : DARTERS. — Der Schlangenvogel des Südens kommt an Süßwasserkörpern vor und kann auf Bäumen sitzend oder hoch in der Luft fliegend gesehen werden. Sie sind äußerst schwer zu töten, da sie in der Regel scheu und sehr hartnäckig sind.

TACHYPETIDÆ : FREGATTVÖGEL . — Der Fregattvogel kommt bei uns nur am Golf von Mexiko und auf den Florida Keys vor. Normalerweise sieht man sie auf Flügeln, aber ich habe Tausende beobachtet, die in den Mangroven auf den Keys saßen. Nachts halten sie sich auf den Bäumen einsamer Inselchen auf und erscheinen dann so dumm, dass man sich ihnen leicht nähern kann.

PHÆTONIDÆ : TROPISCHE VÖGEL. — Diese schönen Vögel kommen nur in tropischen Gewässern vor, es sei denn, sie werden durch Stürme versehentlich aus ihrem Breitengrad verweht. Sie brüten auf den felsigen Klippen der Bahamas und Bermudas.

LARIDAE : MÖWEN, SEESCHWALBEN USW. – Die Skua-Möwen halten sich in der Regel weit draußen auf dem Meer auf, dringen aber gelegentlich in Häfen und Buchten ein, um Möwen und Seeschwalben zu jagen, denen sie ihre Beute rauben. Möwen und Seeschwalben verschiedener Arten rasten auf Sandbänken oder fliegen am Ufer entlang.

PROCELLARIDÆ : STURMVÖGEL. — Abgesehen von der Brutzeit halten sich diese Vögel gut auf dem Meer und sind daher recht schwer zu beschaffen. Sie geistern jedoch in den von Fischern frequentierten Gewässern herum und können durch einen Besuch dieser Orte auf einem Angelausflug beschafft werden.

COLYMBIDÆ : SEETAUCHER. — Kommt sowohl in Süß- als auch in Salzgewässern vor, ist jedoch aufgrund ihrer Tauchgewohnheit etwas schwierig zu beschaffen.

PODICIPIDÆ : HAUBENTAUCHER. — Diese Vögel haben ähnliche Gewohnheiten wie die Seetaucher, kommen aber in kleineren Gewässern vor, insbesondere im Rattenschnabel, von dem ein oder mehrere Exemplare in fast jedem kleinen Teich im ganzen Land vorkommen, insbesondere während der Wanderung nach Süden.

ALCIDÆ : ALKEN, PAPAGEIENTAUCHER USW. – Diese Vögel kommen während der Wanderung vor der Küste vor, brüten aber an den felsigen Ufern beider Küsten.

Obwohl die vorstehende Liste die Fundorte angibt, in denen eine bestimmte Art vorkommen kann, ist es in der Regel immer gut, sich vor Augen zu halten, dass Vögel Flügel haben und durch deren Verwendung in ungewohnte Gegenden gelangen können, die weit von ihrem gewöhnlichen Lebensraum entfernt sind . Beispielsweise wurde in den Sumpfgebieten von Newburyport eine Grabeule erschossen und ein Sturmvogel, der der Wissenschaft bisher nur durch ein einziges Exemplar bekannt war, das vor vielen Jahren auf der Südhalbkugel gefangen wurde, wurde in erschöpftem Zustand aufgelesen ein gepflügtes Feld im Inneren von New York. Der junge Sammler sollte daher immer auf der Hut sein und sich bewusst sein, dass die Kunst, der er nachgeht, nicht leichtfertig erlernt wird. Ich habe oft die unerfahrene Bemerkung gehört, dass er problemlos hundert Vögel an einem Tag töten könnte; und obgleich dies bei bestimmten Gelegenheiten zutreffen mag – denn ich habe über diese Zahl gesehen, die von einer Person in zwei Schüssen einer Kanone getötet wurde –, wird ein guter Sammler in seinen besten Tagen in der Regel selten mehr als fünfzig Vögel erbeuten . Ein Mann muss nicht nur erfahren sein, sondern muss auch hart arbeiten, um durchschnittlich fünfundzwanzig Vögel an einem Tag zu erlegen. Obwohl es einige „geborene" Sammler gibt, die sich Vögel besorgen, selbst wenn sie nicht mit einer beeindruckenderen Waffe ausgestattet sind als dem Katapult eines Jungen, müssen die besonderen Eigenschaften, die einen guten Sammler ausmachen, in erster Linie erworben werden. Ein schnelles Auge, um das Flattern eines Flügels oder das Flattern eines Schwanzes im wogenden Laubwerk zu erkennen; ein Ohr, das bereit ist, das leiseste Zwitschern zu hören, das inmitten der raschelnden Blätter zu hören ist, und so geschickt, dass es die einfachen Klangabstufungen, die die verschiedenen Arten unterscheiden, deuten kann ; eine ständige, hellwache Wachsamkeit, so dass der Beobachtung nichts entgeht, und die eine so gute Kontrolle über die Muskeln ermöglicht, dass die Waffe mit einer Schnelligkeit an die Schulter gelangt, die Gedanken mit Taten verbindet; und eine unermüdliche Geduld und Tapferkeit, die kleinere Hindernisse völlig außer Acht lassen, sind einige der Eigenschaften, die jemand besitzen muss, der aus eigener Kraft eine gute Vogelsammlung zusammenstellen möchte. Wenn jemand diese Eigenschaften nicht besitzt, dann studieren Sie, um sie zu erwerben. Denn das Sichern von Vögeln ist eine ebenso große Kunst wie deren Erhaltung.

ABSCHNITT IV.: PFLEGE VON PROBEN. — Sobald ein Vogel geschossen ist, untersuchen Sie ihn sorgfältig, indem Sie die Federn wegblasen, um die Schusslöcher zu finden; Wenn sie bluten, entfernen Sie das geronnene Blut mit einem kleinen Stäbchen oder besser mit der Spitze eines Taschenmessers, verschließen Sie dann mit einem spitzen Stäbchen oder dem Messer das Loch mit etwas Watte und streuen Sie Pflaster oder besser etwas davon darauf mein Konservierungsmittel, sofort. Als nächstes verstopfen Sie den Mund mit Watte und achten Sie darauf, den Wattebausch weit genug nach unten zu drücken, damit sich der Schnabel schließen kann, denn wenn die Mandibeln offen bleiben, trocknet die Haut am Kinn und am oberen Hals aus, wodurch die Federn aufrecht stehen. Glätten Sie das Exemplar leicht und legen Sie es mit dem Kopf nach unten in einen Papierkegel, der lang genug sein sollte, dass sich die Spitze falten lässt, ohne dass sich die Schwanzfedern verbiegen. Dann kann der Vogel in einen Fischkorb gelegt werden, der der beste Behälter zum Tragen von Vögeln ist, da er nicht nur leicht zu tragen ist, sondern auch Luft hereinlässt. Schließen Sie einen Vogel bei warmem Wetter niemals in einer engen Kiste ein, da er sonst sehr schnell verdirbt. Die Pflege eines Vogels auf dem Feld erspart Ihnen viel Arbeit und Ihre Exemplare im Schrank sehen so viel besser aus, dass dies gerechtfertigt ist. Blut, das unter dem Gefieder zurückbleibt, dringt nach und nach durch die Federn, wodurch diese verfilzen und sich nur noch sehr schwer reinigen lassen. Einige Proben bluten jedoch, und wenn sie konserviert werden sollen, muss dieses Blut entfernt werden. Ich fand es immer am besten, das Blut mit dem ersten Wasser abzuwaschen, das ich finden konnte, und den Vogel dann trocknen zu lassen, entweder indem ich ihn in der Hand trug oder indem ich ihn an einen Ast eines Baumes hängte, wohin ich zurückkehren konnte es danach. In solchen Fällen sollte jedoch darauf geachtet werden, das *gesamte* Blut abzuwaschen und die Wunde anschließend mit Watte zu verschließen, denn wenn bei nassem Gefieder etwas herausfließt, verteilt es sich auf den Federn und verfärbt sie. Wenn Sie Vögel aufheben, die nur verwundet sind, fassen Sie sie niemals am Schwanz, am Flügel oder an irgendeinem Teil des Gefieders, sondern fassen Sie sie fest mit der Hand, so dass beide Flügel gefangen sind, und töten Sie sie dann durch kräftigen Druck mit der Hand Daumen und Zeigefinger, seitlich direkt hinter den Flügeln angebracht. Dadurch wird die Lunge komprimiert und die Vögel ersticken fast augenblicklich. Schlagen Sie niemals einen Vogel, egal wie groß, mit einem Stock, aber im Falle von Falken, Adlern usw., deren Krallen gefährlich sind, fassen Sie sie zuerst an der Spitze eines Flügels, dann an der anderen, und bearbeiten Sie die Hände nach unten, bis der Rücken gefasst ist, und üben Sie dann den Druck auf die Lunge aus. Vom Schnabel selbst der furchterregendsten Arten geht keine Gefahr aus, nachdem der Druck auf die Lunge ausgeübt wurde, denn ich wusste nie, dass ein Exemplar beißt, während es auf diese Weise getötet wird; Das Einzige, was nötig ist, ist, ihren Krallen aus dem Weg zu gehen. Ich war oft gezwungen, Adler aus einer Kiste zu holen und sie zu töten, und das habe ich allein mit meinen Händen getan.

Verwundete Tauben und Tauben sollten sehr fest gehalten werden und man darf ihnen nicht im geringsten wehren, da ihre Federn sehr leicht herausfallen; und das Gleiche gilt, wenn auch in geringerem Maße, für Kuckucke; Tatsächlich ist es immer am besten, das Gefieder so wenig wie möglich zu bürsten und das tote Exemplar an den Füßen oder am Schnabel anzufassen. Wenn Sie Silberreiher oder andere Vögel aufsammeln, die in Schlamm oder anderes schmutziges Wasser gefallen sind, fassen Sie sie am Schnabel und schütteln Sie sie vorsichtig, um den Schlamm zu entfernen. Die Federn aller Vögel, insbesondere Wasservögel, sind mit einem zarten Öl bedeckt, und alle Fremdstoffe gleiten vom Gefieder ab, wenn sie nicht in Wasser eingeweicht werden. Wenn Sie verwundete Reiher fangen, fassen Sie sie am Schnabel, um die Gefahr zu vermeiden, durch einen Angriff mit der scharfen Spitze ein Auge zu verlieren. Wenn ein Vogel in einen Korb oder auf eine Bank gelegt werden soll, *werfen Sie ihn* nicht hin, sondern legen Sie ihn vorsichtig auf den Rücken. Bedenken Sie dabei immer: Je glatter ein Vogel gehalten wird, bevor er gehäutet wird, desto besser sieht er aus konserviert. Mir ist sogar aufgefallen, dass der wahre ornithologische Enthusiast seine Vögel immer in gutem Zustand hält, während andere, die Vögel nur zum vorübergehenden Vergnügen an der Sache oder aus Profitgründen schießen, sehr dazu neigen, grob mit ihnen umzugehen. Mit anderen Worten, der Naturforscher besitzt eine angeborene Liebe zu seinen Beschäftigungen, die ihn dazu bringt, sogar einen toten Vogel zu respektieren.

KAPITEL II.
Häutende Vögel.

ABSCHNITT I.: GEWÖHNLICHE METHODE. – Das einzige Instrument, das ich normalerweise zum Entfernen der Haut von Vögeln verwende, ist ein einfaches Messer von besonderer Form (siehe Abb. 3); aber ich habe gerne eine Präparierschere bei mir, um sie in den weiter unten aufgeführten Fällen zu verwenden. Außerdem habe ich jede Menge Watte und entweder indisches Mehl oder Hautkonservierungsmittel zur Hand, um Blut und andere Säfte aufzusaugen.

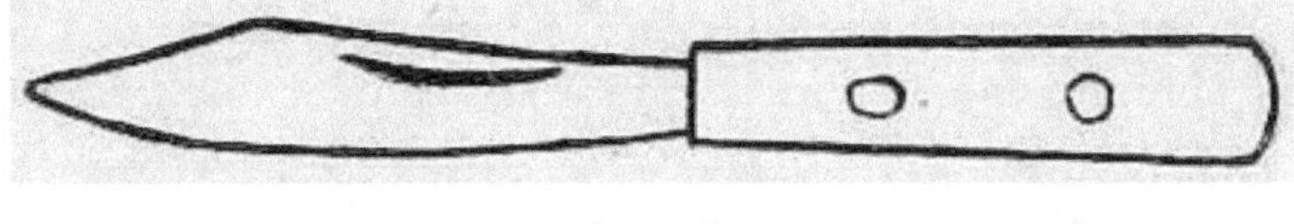

ABB. 3.

Um die Haut vom Vogel zu entfernen, achten Sie zunächst darauf, dass das Maul mit Watte verstopft ist. Ist dies der Fall, achten Sie darauf, ob diese trocken ist. Wenn nicht, entfernen Sie sie und ersetzen Sie sie durch frische. Es ist auch gut, darauf zu achten, ob der Vogel flexibel ist, denn wenn er steif ist, ist es äußerst schwierig, ihn zu häuten, und es ist immer am besten, zu warten, bis diese besondere Steifheit der Muskeln, die bei allen Wirbeltieren auf den Tod folgt, vorüber ist. Dies geschieht bei warmem Wetter in viel kürzerer Zeit als bei kaltem Wetter, oft in ein oder zwei Stunden, aber bei gemäßigten Temperaturen sollte ein Vogel nach dem Töten besser mindestens sechs Stunden liegen bleiben. Nehmen Sie dann eine Probe in ordnungsgemäßem Zustand und legen Sie sie mit dem Kopf von Ihnen, aber leicht nach links geneigt, auf eine Bank, auf der sauberes Papier ausgebreitet ist. Spreizen Sie nun die Federn des Hinterleibs mit der linken Hand, und außer bei Enten und einigen anderen Arten wird man einen Raum sehen, der entweder nackt oder mit Daunen bedeckt ist und sich vom unteren oder rippenseitigen Ende des Brustbeins bis zur Bauchhöhle erstreckt. Führen Sie die Spitze des Messers, das Sie in der linken Hand halten, mit dem Rücken nach unten unter die Haut in der Nähe des Brustbeins ein und führen Sie, indem Sie es nach unten schieben, einen Einschnitt bis zur Herzöffnung durch, wobei Sie darauf achten, die Wände nicht zu durchschneiden des Bauches. Dies kann bei frischen Vögeln leicht vermieden werden, nicht jedoch bei Exemplaren, die durch zu langes Liegen aufgeweicht wurden. Bei diesem Vorgang sollten die Finger der rechten Hand zum Auseinanderhalten der Federn eingesetzt werden. Streuen Sie nun Mehl oder Konservierungsmittel in den Schnitt, insbesondere wenn Blut oder Säfte austreten, um diese aufzusaugen und eine Verschmutzung der Federn zu verhindern. Ziehen Sie anschließend mit Daumen und Finger der rechten

Hand die Haut auf der linken Seite der Körperöffnung ab und drücken Sie gleichzeitig das Schienbein auf dieser Seite nach oben. Dadurch wird das zweite Gelenk des Beins bzw. das eigentliche Knie freigelegt. Führen Sie das Messer unter dieses Gelenk und schneiden Sie es durch Schneiden gegen den Daumen vollständig ab, was bei kleinen Vögeln leicht zu bewerkstelligen ist. Reiben Sie ein wenig saugfähiges Material auf beiden Seiten der durchtrennten Fuge ein. Fassen Sie dann das Ende des Schienbeins fest zwischen Daumen und Zeigefinger der rechten Hand und ziehen Sie es nach außen. Gleichzeitig sollte die Haut des Beins mit den Fingern der rechten Hand nach unten gedrückt werden, um ein Einreißen zu verhindern. Das Bein ist dadurch leicht freigelegt und sollte in der Regel bis zum Fußwurzelgelenk enthäutet werden. Kneifen Sie mit dem Daumennagel die äußerste Spitze des Schienbeinknochens ab und ziehen Sie das Fleisch durch einen Zug nach unten vom Rest des Knochens ab. Drehen Sie dann das Ganze und schneiden Sie alle Ranken auf einmal ab. Natürlich kann das Fleisch durch Schaben usw. vom Knochen entfernt werden, aber die oben beschriebene Methode ist die beste. Bei großen Vögeln brechen Sie das Ende des Schienbeins mit einer Zange ab. Drehen Sie den Vogel Ende für Ende und verfahren Sie genauso mit dem anderen Bein, aber bei beiden Vorgängen sollte der Vogel nicht von der Bank angehoben werden. Ziehen Sie nun die Haut um den Schwanz ab, legen Sie den Zeigefinger unter die Schwanzwurzel und schneiden Sie nach unten durch den Schwanzwirbel und die Rückenmuskulatur bis ganz zur Haut, wobei der Finger als Führung dient, um ein Durchdringen zu verhindern. Reiben Sie den abgetrennten Teil mit einem saugfähigen Mittel ein. Fassen Sie das Ende des aus dem Körper herausragenden Wirbels und heben Sie so den Vogel von der Bank. Schälen Sie die Haut vorne und hinten ab, indem Sie sie mit der Hand nach unten drücken, anstatt sie zu zwingen oder zu ziehen. Bald werden die Flügel erscheinen; Durchtrennen Sie diese dort, wo der Humerus mit dem Coracoid zusammentrifft, und schneiden Sie bei großen Exemplaren die Muskeln von oben nach unten durch, um so die Gelenke leichter zu finden. Reiben Sie es mit einem absorbierenden Mittel ein, und es ist angebracht, darauf hinzuweisen, dass dies immer dann erfolgen muss, wenn ein frischer Schnitt gemacht wird. Dann wird der Körper auf die Bank gelegt und die Haut in einer Hand gehalten oder, bei großen Exemplaren, auf dem Schoß oder auf der Bank ruhen gelassen, darf aber niemals baumeln. Schälen Sie weiter über den Hals, indem Sie die Spitzen so vieler Finger verwenden, wie möglich sind, und schon bald wird der Schädel zum Vorschein kommen. Das nächste Hindernis werden die Ohren sein; Diese sollten mit den Daumen- und Zeigefingernägeln herausgezogen oder besser ausgeknipst werden. Reißen Sie die Ohren nicht ab, und bei Eulen ist diesbezüglich besondere Vorsicht geboten. Wenn die Augen freigelegt sind, führen Sie das Messer zwischen die Lider und die Augenhöhle, nahe an ersteren, und achten Sie darauf, dass die

Nyktatationsmembran von der Haut entfernt wird, da sie sonst beim Anordnen der Augenlider bei der Herstellung der Haut im Weg ist. Schälen Sie den Schnabel gut bis zum Schnabelansatz ab, sodass jeder Teil der Haut mit Konservierungsmittel bedeckt ist. Schieben Sie die Messerspitze unter die Augen und entfernen Sie sie mit einer einzigen Bewegung, ohne sie zu zerbrechen. Schneiden Sie die Rückseite des Schädels an der in Linie A, Abb. 4 gezeigten Stelle ab ; Drehen Sie den Kopf um und machen Sie zwei Schnitte nach außen, wie bei AA, Abb. 5 zu sehen , und entfernen Sie so einen dreieckigen Teil des Schädels B, Abb. 4 , an dem normalerweise das Gehirn haftet. Wenn dies jedoch nicht der Fall ist, entfernen Sie es mit dem Spitze des Messers. Dadurch bleiben die Augenhöhlen von unten offen. Ziehen Sie die Flügel heraus, indem Sie das Ende des Oberarmknochens mit der linken Hand fassen und drücken Sie die Haut mit der rechten nach hinten zum Unterarm. Trennen Sie dann mit dem Daumennagel oder der Rückseite des Messers die sekundären Stacheln, die am größeren Knochen haften, von diesem und drehen Sie so den Flügel bis zum letzten Gelenk oder den letzten Fingergliedern nach außen. Bedecken Sie die Haut gut mit Konservierungsmittel, insbesondere den Schädel, die Flügel und den Schwanzansatz. Rollen Sie Wattebällchen auf, die etwa die Größe des gesamten entfernten Auges haben, und legen Sie sie so in die Hohlräume, dass die glatte Seite des Balls nach außen zeigt, so dass die Augenlider sauber darüber angeordnet werden können. Jetzt bleibt nichts anderes übrig, als die Haut wieder in ihre ursprüngliche Position zu bringen . Drehen Sie die Flügel, indem Sie vorsichtig an den Handschwingen und am Kopf ziehen und den Schädel nach oben drücken, bis der Schnabel gegriffen werden kann. Wenn man dann daran vorwärts zieht und die Haut mit einer Hand nach hinten bewegt, ist die Sache erledigt, und die Federn können leicht geglättet und angeordnet werden. Es ist zu bedenken, dass das Präparat umso besser aussieht, je schneller und sanfter eine Haut entfernt wird. Mit „leicht" meine ich, dass die Haut weder fest gefasst noch durch Ziehen gedehnt werden sollte. Einige Arbeiter entfernen die Haut von einem Vogel, der fast verdorben ist, ohne eine Feder anzufangen, während andere ein Exemplar vielleicht genauso schnell häuten, aber das Gefieder wird durch grobe Beanspruchung zerdrückt und zerbrochen. Das Entfernen der Haut von einem kleinen Vogel sollte sechs Minuten nicht überschreiten, und ich habe gesehen, wie die Haut dieses Mal in der Hälfte abgenommen wurde. Natürlich wird der Anfänger länger sein; Anschließend sollte die Haut gelegentlich mit einem feuchten Schwamm angefeuchtet werden.

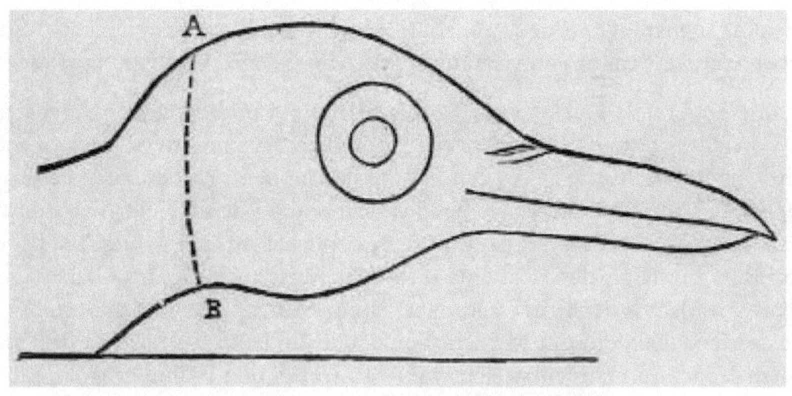

ABB. 4.

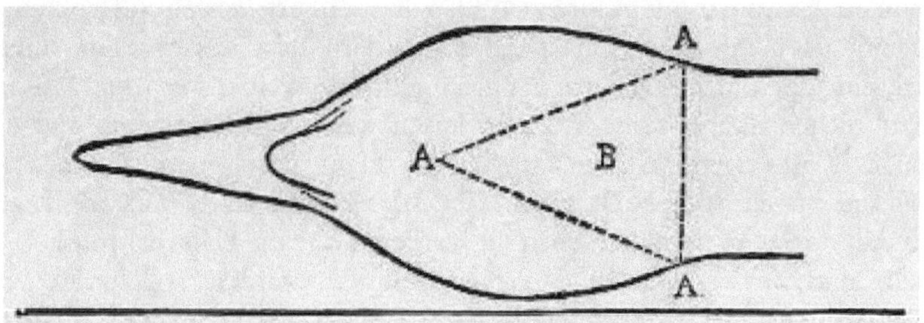

ABB. 5.

ABSCHNITT II.: AUSNAHMEN VON DER ÜBLICHEN ENTHÄUTUNGSMETHODE . — Bei Vögeln, die aufgrund ihres langen Todes sehr weich sind, kann es ratsam sein, entweder unterhalb des Flügels einen kurzen Einschnitt entlang der Seite oder oberhalb des Flügels zu öffnen und dabei entlang der Federspuren direkt über dem Flügel zu schneiden Skapuliere; und etwas Haut läuft durch ein Loch im Rücken direkt über dem Hintern. Von einer solchen Praxis rate ich jedoch grundsätzlich ab, da die Häute schwieriger zu bestücken sind und der Vogel nicht ganz so leicht bestiegen werden kann.

Spechte mit großen Köpfen und kleinen Hälsen, wie die Specht- und Elfenbeinschnabel-Spechte, und Spechte mit ähnlichen Eigenschaften, wie die Wald-, Spießenten- und einige andere Arten; Auch Flamingos, Sandhügel- und Schreikraniche können nicht auf die übliche Weise über dem Kopf gehäutet werden, sondern der Hals sollte, nachdem die Haut so weit wie möglich entfernt wurde, abgeschnitten werden, und dann sollte ein Schlitz in den Rücken geschnitten werden Der Kopf muss durch diese

Öffnung gehäutet werden, es sollte jedoch reichlich saugfähiges Mittel verwendet werden, um zu verhindern, dass die Federn verschmutzt werden.

Beim Häuten von Kuckucken, Tauben, Drosseln und einigen Spatzenarten ist Vorsicht geboten, da die Haut nicht nur dünn ist, sondern die Federn auch sehr leicht am Rumpf und am Rücken beginnen. Ziehen Sie die Haut vorsichtig ab und falten Sie sie bei der Bearbeitung dieser Teile nicht abrupt nach hinten, sondern halten Sie sie möglichst in ihrer ursprünglichen Position. Die Haut der Waldente und manchmal auch die des Gänsesägers haftet am Fleisch der Brust, kann aber durch vorsichtiges Arbeiten mit dem Messerrücken abgetrennt werden. Versuchen Sie beim Entfernen der Häute junger Vögel im Daunenbereich, wie z. B. Enten und Hühnervögeln, nicht, die Flügel zu häuten.

Wenn ein Exemplar mit gespreizten Flügeln montiert werden soll, sollten die Flügelflügel nicht abgetrennt werden, sondern das Messer sollte an der Rückseite der Flügelflügel nach unten gedrückt werden, um die Muskeln aufzubrechen; Dann sollte so viel Fleisch wie möglich entfernt und eine Menge Konservierungsmittel unter die Haut geschoben werden. Bei größeren Vögeln sollte an der Unterseite des Flügels ein Schlitz angebracht und die Muskeln von außen entfernt werden, ohne die Sekundärmuskeln zu lösen; und auch wenn eine Probe montiert werden soll, sollten die Augenhöhlen mit gut geknetetem Ton gefüllt werden, bis die Konsistenz einer Spachtelmasse erreicht ist.

ABSCHNITT III.: BESTIMMUNG DES GESCHLECHTS VON VÖGELN. — Obwohl das Geschlecht vieler Vögel anhand des Gefieders mit ziemlicher Sicherheit festgestellt werden kann, ist dies doch niemals ein unfehlbarer Leitfaden, und um in jedem Fall vollkommen sicher zu sein, sollten die inneren Organe untersucht werden. Ich rate immer dazu, so deutlich gezeichnete Vögel wie Scharlachtangarben oder Rotschulterstärlinge zu sezieren, und als ich diese Angewohnheit praktizierte, hatte ich einmal das Glück, ein Weibchen mit bemaltem Ammern in voller männlicher Livree zu entdecken. Das Geschlecht von Vögeln lässt sich leicht auf folgende Weise bestimmen: Legen Sie den Körper des Vogels auf die linke Seite, so dass der Kopf von Ihnen weg zeigt. dann mit einem Messer oder einer Schere die Rippen und Bauchwände auf der *rechten Seite* durchschneiden ; Dann heben Sie die Eingeweide an, und die Organe werden erscheinen.

Bei Männern sieht man zwei Körper, die mehr oder weniger kugelförmigen Hoden, direkt unter der Lunge im oberen Teil der Nieren liegen (Abb. 6, 3, 3). Diese variieren nicht nur in der Farbe von Weiß bis Schwarz, sondern auch in der Größe, je nach Jahreszeit oder Alter des Exemplars. So haben die Hoden eines erwachsenen Singsperlings zu Beginn der Brutzeit einen

Durchmesser von fast oder sogar einem halben Zoll, während sie im Herbst nicht größer als acht Schuss sind; und bei Nestlingen derselben Art sind sie nicht größer als ein kleines Schrotkügelchen. In diesem frühen Alter ist es ziemlich schwierig, das Geschlecht von Vögeln zu bestimmen, die etwas weich geworden sind, und das Gleiche gilt zu jeder Jahreszeit, wenn die Exemplare stark zerschossen wurden. Es gibt jedoch auch andere Organe beim Mann. Beispielsweise sind die Samenleiter immer vorhanden und sehen aus wie zwei weiße Linien; und in der Brutzeit schwillt das Nerven- und Arteriengeflecht um den Ventrikel an und bildet auf beiden Seiten zwei markante Tuberkel (Abb. 6 , 3, 3).

ABB. 6.

Beim Weibchen liegen die Eierstöcke auf der rechten Seite (Abb. 7 , 2) etwa an der gleichen Stelle wie beim Männchen die Hoden. Die Größe der Eierstöcke variiert von der halben Eigröße bis hin zu winzigen Punkten, abhängig wie beim Männchen von der Jahreszeit und dem Alter des Exemplars. Bei sehr jungen Vögeln bestehen die Eierstöcke aus einem kleinen weißen Körper, der unter der Lupe etwas körnig erscheint. Sowohl beim Männchen als auch beim Weibchen liegen zwei gelbliche oder weißliche

Körper, beim ersteren Geschlecht über den Hoden, aber weiter vorne und folglich direkt vor den Nieren; und beim Weibchen nehmen sie ungefähr die gleiche Position ein. Zusätzlich zu den Eierstöcken ist beim Weibchen immer der Eileiter vorhanden (Abb. 7 , 3), der während der Brutzeit groß, geschwollen und gewunden ist, zu anderen Zeiten jedoch kleiner und fast gerade. Bei jungen Exemplaren erscheint es als kleine weiße Linie.

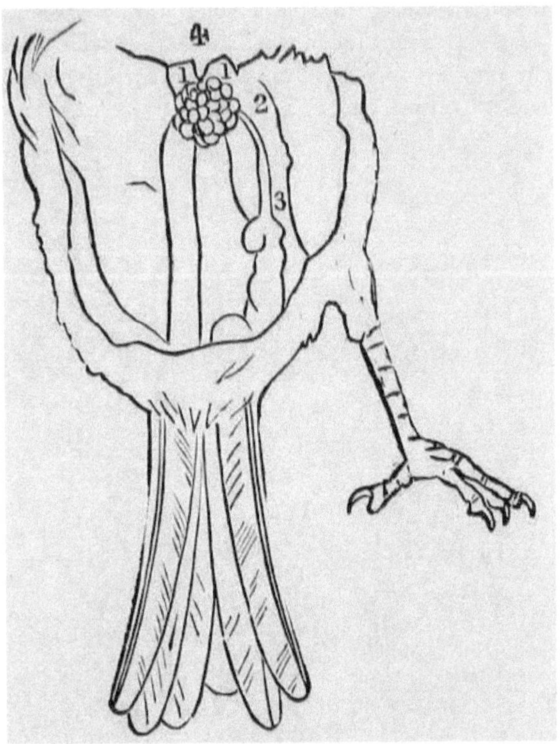

ABB. 7.

Die entblößte Brust und der entblößte Bauch, die bei Vögeln während der Brutzeit zu sehen sind, können nicht immer als Zeichen des Geschlechts angesehen werden, da dies gelegentlich sowohl bei Männchen als auch bei Weibchen vorkommt.

ABSCHNITT IV.: HÄUTE KONSERVIEREN. — Tierpräparatoren verwenden seit vielen Jahren Arsen in irgendeiner Form als Konservierungsmittel; und in der ersten Ausgabe meines „Naturalists' Guide" empfahl ich die Verwendung in trockenem Zustand und erklärte, dass ich es nicht für schädlich halte, wenn es nicht tatsächlich gegessen werde. Seitdem hatte ich jedoch reichlich Anlass, meine Meinung in dieser Hinsicht zu ändern und es nun für ein gefährliches Gift zu erklären. Keiner von fünfzig Menschen kann über einen längeren Zeitraum mit der für die Konservierung von Proben erforderlichen Menge Arsen umgehen, ohne die Auswirkungen zu spüren. Ich war lange Zeit dadurch vergiftet, führte dies aber auf die schädlichen Gase zurück, die bei zu lange gehaltenen Vögeln entstehen. Es ist möglich, dass das Gift des Arsens, mit dem mein System gefüllt war, von diesen Gasen beeinflusst wurde und zu seiner Entwicklung führte, aber ich glaube nicht, dass das Gas selbst besonders schädlich ist, da ich seit dem Absetzen nie eine Vergiftung erlitten habe die Verwendung von Arsen.

Als ich davon überzeugt war, dass Arsen meine Gesundheit und die anderer schädigte, begann ich, mit anderen Substanzen zu experimentieren, und nachdem ich eine Menge verschiedener Dinge ausprobiert hatte, gelang es mir, eine nahezu geruchlose Verbindung herzustellen, die gegenüber Arsen die folgenden Vorteile hat: Es Schützt die Häute von Vögeln, Säugetieren, Reptilien und Fischen gründlich vor Fäulnis und verhindert auch den Befall von Dermestes oder Anthrenus , während die Federn von Vögeln und die Haare von Säugetieren nicht so anfällig für Mottenbefall sind wie bei konservierter Haut mit Arsen. Dieses Konservierungsmittel entzieht fettigen Häuten bei richtiger Anwendung das Öl und verhindert so, dass diese durch Karbonisierung verfaulen, wie es bei Entenhäuten nach einigen Jahren fast immer der Fall ist. Es ist ein Desodorierungsmittel, das alle unangenehmen Gerüche von der Haut verlässt, auf die es aufgetragen wird. und vor allem ist es kein Gift. Ich habe dieses Hautkonservierungsmittel, wie wir es genannt haben, als Absorptionsmittel beim Häuten von Vögeln, insbesondere von kleinen Vögeln, verwendet, da dann das Gefieder zwangsläufig damit bestäubt wird, was einen mehr oder weniger starken Schutz der Federn vor Mottenangriffen gewährleistet.

Damit mein Konservierungsmittel oder jedes andere wirksam ist, muss es gründlich auf die Haut aufgetragen werden. Alle Teile, insbesondere diejenigen, an denen Fleisch anhaftet, müssen gut damit bedeckt sein und die Muskelfasern sollten so weit wie möglich aufgebrochen sein. Aber bestenfalls ein kleiner Teil des Arsens ist entweder in Wasser oder Alkohol löslich und nur wenig in den Säften der Haut, wohingegen in meinem Hautkonservierungsmittel mindestens drei Viertel dessen, was mit feuchter Haut in Kontakt kommt, löslich sind absorbiert und sorgt so für eine gründliche Konservierung der Probe. Bei fettiger Haut entfernen Sie so viel Fett wie möglich, indem Sie es abziehen oder sanft abkratzen, bis alle kleinen Zellen, die das Öl enthalten, aufgebrochen sind und die Haut erscheint; Dann bestreichen Sie die Haut großzügig mit dem Konservierungsmittel, sobald sich herausstellt, dass sie das Öl aufnimmt. Lassen Sie diese Schicht einige Minuten einwirken, kratzen Sie sie dann vollständig ab und beschichten Sie

sie erneut mit einem frischen Vorrat. Fahren Sie damit fort, bis das gesamte austretende Öl absorbiert ist, und bestäuben Sie es anschließend mit einer abschließenden Schicht.

Bei der Konservierung fettiger Haut laufen zwei chemische Prozesse ab: Einer davon wandelt das Öl in Seife um, die wiederum absorbiert und getrocknet wird. Daher Das von der Haut abgekratzte Konservierungsmittel kann nach einiger Zeit wieder verwendet werden, da es nur einen kleinen Teil seiner Wirksamkeit verloren hat. Es sollte jedoch berücksichtigt werden, dass alle möglichen Fettzellen aufgebrochen werden müssen, da die Haut, die diese umgibt, gewissermaßen undurchlässig für das Konservierungsmittel ist, mit dem sie in Kontakt kommen muss, um Öl zu absorbieren Es.

ABSCHNITT V.: ANDERE METHODEN ZUR KONSERVIERUNG VON HÄUTEN. — Durch die einfache Verwendung von schwarzem Pfeffer kann die Haut vorübergehend konserviert werden, die Wirkung ist jedoch nicht von Dauer. Das Gleiche gilt für Gerbsäure, aber entweder Alaun oder sogar Kochsalz reichen als Ersatz für das Konservierungsmittel aus, bis die Häute in die Hände eines Tierpräparators gelangen oder der Sammler das richtige Konservierungsmittel beschaffen kann . Ich möchte hier erwähnen, dass das Hautkonservierungsmittel nur 25 Cent pro Pfund kostet und diese Menge mindestens dreimal so viele Häute konserviert wie die gleiche Menge Arsen.

Eine gute Methode, große Häute vorübergehend zu konservieren, ist das Salzen. Einfach die Innenseite der Haut mit feinem Salz bestreichen, wenden, die Federn glatt streichen und die Flügel ordentlich falten, dann in Papier einpacken. Das Salz verhindert, dass die Haut ganz austrocknet, und lässt sich daher viel leichter befeuchten und zu einer Haut verarbeiten oder aufziehen. Der Vorteil, große Vögel in so kleinem Raum unterzubringen, liegt auf der Hand . Zwei Sammler, mit denen wir in der vergangenen Saison zusammen waren, haben einige tausend große Felle in diesem Zustand eingesandt; Wir werden uns bemühen, diese innerhalb von sechs Monaten zu verarbeiten, da gesalzene Häute ziemlich spröde werden, wenn man sie zu lange liegen lässt. Sie sollten an einem trockenen Ort aufbewahrt werden, da Salz Feuchtigkeit aufnimmt, was zu Fäulnis der Haut führt. Sie sind außerdem nach dem ersten Jahr anfällig für den Befall durch Dermestes und Anthrenus .

Vögel, die sich in einem schlechten Zustand befinden, weil sie schon lange tot sind, können bei seltenen Exemplaren manchmal mit größter Sorgfalt gehäutet werden. Besprühen Sie die Innenseite der Haut gut mit Konservierungsmittel, da dies dazu neigt, die Federn zu fixieren. Achten Sie darauf, dass die Haut so gerade wie möglich bleibt, da sich beim Falten die Federn lockern können. Die Eingeweide von Vögeln können entfernt und

der Hohlraum gesalzen werden, wenn große Vögel aus der Ferne verschickt
werden sollen.

KAPITEL III.
Häute herstellen.

ABSCHNITT I.: FEDERN REINIGEN. — Wenn ein Vogel blutig ist, können die Federn entweder in Terpentin oder Wasser gewaschen werden. Tränken Sie einen Lappen oder ein Stück Watte und entfernen Sie das Blut. Wenn es trocken ist, muss es möglicherweise etwas eingeweicht werden. Versuchen Sie, die Ausbreitung des Wassers so weit wie möglich zu verhindern, achten Sie jedoch darauf, dass alle geronnenen Blutpartikel entfernt und die Stelle gründlich gewaschen werden. Anschließend trocknen Sie die Stelle, indem Sie sie gut mit Pflaster oder Hautkonservierungsmittel abdecken. Letzteres ist vorzuziehen, da es das Gefieder niemals ausbleicht. Dies sollte mit einer weichen Bürste und den Fingern gut in die Federn eingearbeitet werden, wobei ständig frische Flüssigkeit aufgetragen wird, bis die gesamte Feuchtigkeit absorbiert ist; Anschließend mit einem weichen Staubwedel abstauben. Bei frischen Fettflecken verwenden Sie nur das Hautkonservierungsmittel. Bei alten und gelben Flecken verwenden Sie Benzin, um das Fett zu entfernen, und trocknen Sie es dann mit dem Konservierungsmittel. Dann werden in der Regel alle Flecken entfernt. In einigen Fällen können jedoch zwei oder drei Anwendungen von Benzin erforderlich sein. Kleine Flecken getrockneten Bluts lassen sich oft von dunklen Federn entfernen, indem man einfach mit dem Daumennagel und einer mäßig steifen Bürste abkratzt, ähnlich wie ein lebender Vogel Fremdstoffe aus seinem Gefieder entfernt. Lassen Sie keine geronnenen Blutflecken im Gefieder zurück, da die Federn nie gut darüber liegen und solche Stellen leicht von Insekten befallen werden können. Selbst ein Blutfleck unter dem Flügel sollte meiner Meinung nach immer entfernt werden. Bevor versucht wird, einem Vogel ein Fell zu machen oder ihn zu besteigen, sollte er gründlich gereinigt werden. Schmutzflecken können mit Alkohol entfernt werden, der leichter trocknet als Wasser, aber Blut nicht so gut ansetzt wie Terpentin oder Wasser.

ABSCHNITT II.: HÄUTE VON KLEINEN VÖGELN HERSTELLEN. – Die Instrumente zur Häutung sind eine flache Bürste, ein Staubwedel zum Reinigen, drei oder vier Paar Pinzetten unterschiedlicher Größe (siehe Abb. 8), Nadeln, je nach Wunsch gebogen oder gerade, Seidenfaden zum Nähen und weiche Baumwolle zum Nähen Wicklung und Metallformen aus gewalztem Zinn oder Zink (Abb. 9). Legen Sie die Haut auf den Rücken und drücken Sie die einzelnen Knochen, die am Unterarm verblieben sind, in die Haut. Befestigen Sie sie dann, indem Sie in der Nähe der Flügelbasis einen Stich durch die Haut machen. Führen Sie dann den Faden um den

Knochen und binden Sie ihn fest. Nähen Sie nun mit dem gleichen, ungeschnittenen Faden den anderen Knochen auf die gleiche Art und Weise, wobei die beiden durch ein Stück Faden verbunden bleiben, das etwa so lang ist wie die natürliche Breite des Vogelkörpers, so dass die Flügel den gleichen Abstand haben auseinander wie früher. Nehmen Sie nun ein Stück Baumwolle und formen Sie daraus einen groben Körper, der in der Größe dem entfernten Körper so nahe wie möglich kommt, aber einen sich verjüngenden Hals hat, der etwa der Länge der Natur entspricht. Fassen Sie dieses nun fest mit der Pinzette und setzen Sie es mit dem Hals voran in die Haut ein. Achten Sie dabei darauf, dass die Spitze der Pinzette in die Gehirnhöhle des Schädels eindringt, so dass die Baumwolle diese ausfüllen und nach unten ragen kann, um den Hals zu bilden ; Öffnen Sie nun die Pinzette und ziehen Sie sie heraus. Öffnen Sie die Augenlider und ordnen Sie sie ordentlich über der runden Watte darunter an. Achten Sie darauf, dass die Flügelknochen an den Seiten liegen, da sie beim Einlegen der Baumwolle leicht nach vorne gedrückt werden können. Abhilfe kann durch sanftes Anheben der Baumwolle geschaffen werden. Wenn der Baumwollkörper in der richtigen Position platziert wurde, ist der Hals voll, aber nicht überfüllt und hat genau die richtige Länge, um eine Haut zu bilden, die das Aussehen und die Größe eines frisch getöteten Vogels hat, der auf dem Rücken liegt Kopf gerade. Der Schnabel sollte horizontal zur Bank liegen, auf der der Vogel liegt, und von der das Exemplar während der Arbeit nicht angehoben werden sollte. Rollen Sie nun die Haut um und untersuchen Sie den Rücken. Achten Sie darauf, dass die Flügelfedern, insbesondere die Schulterblätter, in regelmäßiger Rotation liegen und nicht übereinander geschoben sind. und dem Schwanz sollte die gleiche Aufmerksamkeit geschenkt werden. Beachten Sie, ob die Federn des Rückens sauber über den Schulterblättern liegen und diese wiederum über den Flügeldecken liegen sollten. Kurz gesagt, alles sollte sauber ineinander übergehen und einen glatt abgerundeten Rücken bilden. Legen Sie nun die Haut mit der Rückseite nach unten in die Form und heben Sie sie an, indem Sie Daumen und Zeigefinger auf beide Seiten der Schultern legen. Dies ist die richtige Art und Weise, eine kleine Haut zu handhaben, auch wenn sie trocken ist. Beim Einlegen der Haut in die Form ist darauf zu achten, dass die Baumwolle nicht aus dem Schädel rutscht und den Kopf herunterfallen lässt. Überprüfen Sie, ob die Flügelspitzen gleich lang sind . Wenn nicht, machen Sie es, indem Sie einen Flügel nach unten ziehen und den anderen nach oben in Richtung Kopf drücken, aber ziehen Sie sie an den Schultern nicht aus der Position. Achten Sie darauf, dass die Flügel hoch genug auf dem Rücken platziert werden. Dies lässt sich leicht feststellen, wenn die geschlossenen Spitzen der Handschwingen vollkommen flach auf dem Boden der Form liegen und ihre Innenkanten fast nach unten zeigen. Glätten Sie nun die Federn mit einer Pinzette und legen Sie die Federn der Seiten, die unter den Flügel des Spatzen kommen, in den Flügel. darüber werden sie draußen liegen. Denken Sie immer daran, dass eine Haut zwar von einem Experten in acht bis fünfzehn Minuten vollkommen glatt gemacht werden kann, jemand, der mit der Arbeit nicht vertraut ist, jedoch viel mehr Zeit in Anspruch nehmen muss, da eine Haut nicht zu glatt gemacht werden kann. Ordnen Sie alle Flecken und Linien auf den Federn so an, wie sie im Leben vorkommen, insbesondere um den Kopf oder auf dem Rücken. Tatsächlich kann diesen Details vor und nach dem Einlegen einer Haut in die Form nicht zu viel Aufmerksamkeit geschenkt werden, wenn man ein erstklassiges Exemplar herstellen möchte.

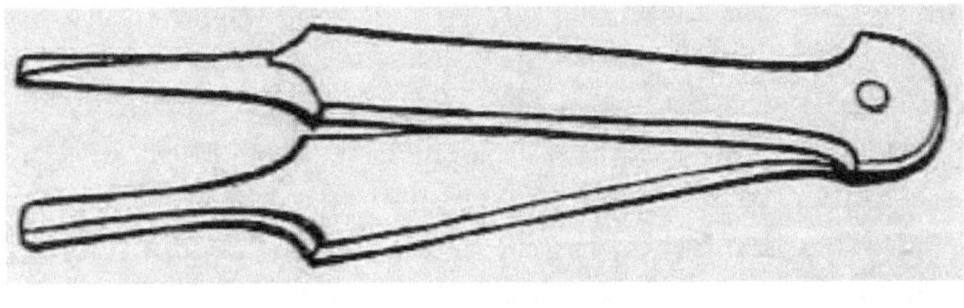

ABB. 8.

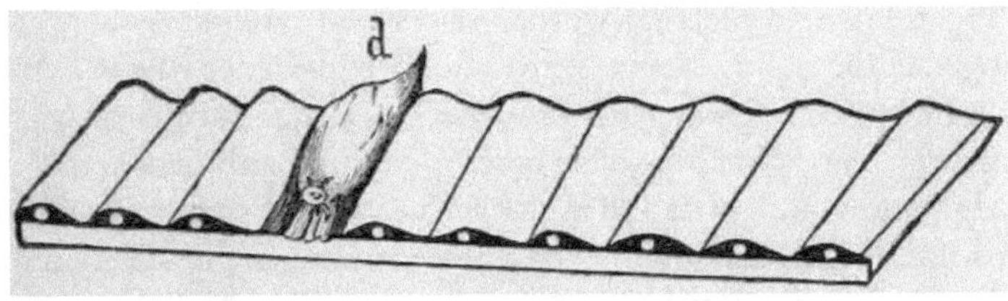

ABB. 9.

Binden Sie nun die Haut mit weichem Baumwollfaden zusammen, der für Spulen in den Mühlen verwendet wird, beginnen Sie an den unteren Teilen der Flügel und wickeln Sie den Faden über den Körper und unter die Form, so dass die Fäden etwa einen Viertelzoll voneinander entfernt liegen. endet mit der Kehle. Ordnen Sie nun alle Federn, die möglicherweise durcheinander geraten sind, unter den Fäden an und legen Sie das Fell zum Trocknen an einen Ort, an dem es keinen Luftzug gibt, denn eine leichte Brise wird sicher einige der Federn wegblasen. (Für die Form einer Haut siehe Abb. 10.)

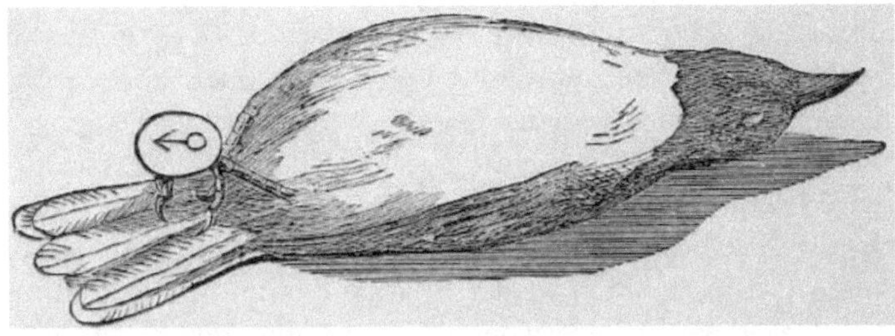

ABB. 10.

Eine andere Methode zur Herstellung von Häuten, die mit Vorteil angewendet werden kann , ist die folgende: Nachdem die Haut bereit ist, in die Form gelegt zu werden, wickeln Sie sie eng in eine *sehr* dünne Schicht schöner Baumwollwatte ein und achten Sie darauf, dass die Federn völlig glatt liegen, obwohl diese kann teilweise durch die Baumwolle angeordnet sein, die dünn genug sein muss, damit die Federn durch sie hindurch sichtbar sind. Die Haut wird dann zum Trocknen beiseite gelegt, ohne sie in die Form zu legen.

Felle sollten keiner zu großen künstlichen Hitze ausgesetzt werden und auch nicht bei feuchter Witterung in einem Raum ohne Feuer trocknen gelassen werden. Kleine Vögel wie Grasmücken gewöhnen sich bei mäßiger Temperatur und trockener Luft innerhalb von 48 Stunden vollkommen fest. Lassen Sie niemals zu, dass eine Haut einfriert.

ABSCHNITT III.: HÄUTE VON LANGHALSVÖGELN HERSTELLEN . — Strandläufer, Dünnhalsspechte und andere Vögel, deren Genick leicht gebrochen werden kann, sollten einen Draht im Genick haben, um das Genick zu stützen und zu stärken. Nähen Sie die Flügelknochen wie bei den kleinen Häuten. Machen Sie dann einen Baumwollkörper um das Ende eines Drahtes, dessen Ende etwa 2,5 cm in die Form eines Hakens gebogen ist, und dann kann der Körper mit etwas Wickelwatte um den Draht gewickelt werden. Der Halsdraht sollte etwa so lang wie der natürliche Hals oder etwas länger aus dem Körper herausragen. Dieser Halsdraht sollte ebenfalls mit Baumwolle umwickelt sein, die der Größe des natürlichen Halses entspricht, jedoch an der Verbindung zum Körper etwas dicker ist. Ein kleiner Teil dieses geschärften Drahtes sollte, wie im Folgenden erläutert wird, über den Körper hinausragen. Platzieren Sie nun den Körper innerhalb der Haut und drücken Sie die Spitze des Drahtes bis zum Anschlag in den Schädel hinein bis in die Basis des Oberkiefers. Die Köpfe von Langschnabelvögeln können auf eine Seite gedreht sein, aber in diesem Fall wird der Schnabel in einem mehr oder weniger großen Winkel platziert. Probestück wie zuvor vernähen; arrangieren und in eine lange Form legen und binden. Die Beine von Vögeln wie Gelbbeinen können am Schienbeingelenk zusammengenäht, dann zu den Seiten gebogen und die Zehen an die Haut genäht werden.

Bei der Herstellung von Häuten für alle Vögel, bei denen der Hinterkopf geöffnet ist, sollte die Öffnung erst zugenäht werden, nachdem der Draht in den Oberkiefer eingeführt wurde, da hier möglicherweise mehr Watte hinzugefügt werden muss, um die Kehle herzustellen Hinterkopf so voll wie im Leben. Nähen Sie diese Öffnung, indem Sie nur am äußersten Rand der Haut feine Stiche machen. Die gleiche Vorsicht ist beim Nähen versehentlicher Risse in der Haut geboten. Bei sehr empfindlicher Haut können Risse repariert werden, indem Seidenpapier von innen sauber über die Löcher geklebt wird. Tatsächlich ist es am besten , Risse von innen zu vernähen und hierfür immer Seidenfaden zu verwenden.

ABSCHNITT IV: HERSTELLUNG VON HÄUTEN FÜR REIHER, IBISSE USW. — Gehen Sie genauso vor wie bei Langhalsvögeln, aber um eine kompakte Haut zu erhalten, legen Sie die Brust des Vogels nach unten, drehen Sie Kopf und Hals auf den Rücken und befestigen Sie die Beine daran die Seiten. Ich verdrahte den Hals immer und nähe den Schnabel zur zusätzlichen Sicherheit an die Haut des Rückens, um zu verhindern, dass er von unvorsichtigen oder unerfahrenen Personen gerade ausgerichtet wird. Nähen Sie nicht nur die Innenseite des Flügels an, sondern nähen Sie den Flügel auch fest an der Innenseite, indem Sie den äußeren Primärteil in eine Prise Haut an der Seite nähen, sodass der Flügel an zwei Stellen befestigt wird.

Entenfelle können auf ähnliche Weise hergestellt werden, aber die Federn an der Seite müssen *über* die Flügel gebracht werden, und die Schwimmhäute der Füße können mit einem Draht gespreizt werden, der jedoch entfernt werden muss, wenn die Füße trocken sind. sonst rostet es; und verzinkter oder Messingdraht eignet sich am besten zur Herstellung von Häuten.

ABSCHNITT V.: FALKEN, EULEN, ADLER, GEIER USW. — Die Häute dieser großen Vögel sind in Formen gefertigt, aber die Flügel müssen an den Seiten angenäht sein, wie bei Reihern usw. Die Hälse müssen gedrahtet sein. Bei der Herstellung der Häute aller großen Vögel ist es am besten, Körper aus Holzwolle oder Gras anstelle von Baumwolle zu verwenden, da der Körper dadurch nicht fest genug ist. Anweisungen zur Herstellung von Karosserien finden Sie in den Anmerkungen unter „Montage “. aber sie müssen für Häute nicht ganz so fest sein wie für die Montage; Halten Sie sie vielmehr so leicht wie möglich. Bei der Bildung der Augenlider kann nicht bei allen Vögeln, insbesondere bei großen Vögeln, allzu viel Sorgfalt angewendet werden. Der Hohlraum soll von der Augenrunde eingenommen werden, wobei die Watte glatt darin liegt und nicht ausgefranst hervorsteht.

ABSCHNITT VI.: KENNZEICHNUNG VON PROBEN. — Eine Haut ist von geringem Wert, wenn sie nicht mit Datum, Fundort und Geschlecht gekennzeichnet ist. Legen Sie niemals einen Vogel auf die Seite, ohne dass das Etikett fest an einem Fuß oder einem anderen Teil befestigt ist. Das Geschlecht der Vögel wird durch die astronomischen Zeichen der Planeten angezeigt; Mars (♂) und Venus (♀), wobei Ersteres offensichtlich das

Zeichen für Männer und Letzteres für Frauen ist. Um dies im Gedächtnis zu behalten, muss man sich nur daran erinnern, dass das Bild des Mars ein konventionalisierter Speer und Schild ist, Hinweise auf seinen kriegerischen Beruf, während das Bild der Venus einen Spiegel darstellen soll, ein für den weiblichen Geschmack so unverzichtbarer Gegenstand. Ich verwende leere Formulare für Etiketten, und je einfacher, desto besser; Daher ist unten eines, das ich während meiner letzten Expedition nach Florida verwendet habe:

ERKUNDUNGEN IN FLORIDA ,

Von CJ Maynard & Co.,

9 Pemberton Square, Boston, Mass.

Rosewood, 10. November 1881.

♂

Das Geschlecht von beiden, männlich oder weiblich, ist angegeben, es werden jedoch mindestens zwei Drittel so viele Männer wie Frauen benötigt; Anmerkungen zur Farbe der Füße, des Schnabels und der Iris jedes einzelnen Exemplars können auf der Rückseite notiert werden. Die angegebene Größe gilt für Exemplare von der Größe eines Kolibri bis zur Größe eines Goldspechts. Die Etiketten von Enten und Reihern können durch die Nasenlöcher am Schnabel befestigt werden, da sie dann leichter zu finden sind.

Es ist gut zu bedenken, dass ein Vogel, um als wissenschaftliches Exemplar überhaupt einen Wert zu haben, möglichst genau mit Datum, Fundort und Geschlecht beschriftet sein muss, aber niemals etwas davon erraten darf. Wenn Sie einen Skin in Ihrem Besitz haben, bei dem Sie sich nicht ganz sicher sind, kennzeichnen Sie ihn entweder mit einem Fragezeichen, das den Teil ausfüllt, bei dem Sie Zweifel haben, oder kennzeichnen Sie ihn überhaupt nicht. Wenn Sie also das Geschlecht nicht zufriedenstellend bestimmen können, teilen Sie dies mit, indem Sie einen Strich durch das Geschlechtszeichen ziehen und es durch eine Frage (?) ersetzen.

ABSCHNITT VII.: PFLEGE VON FELLEN, SCHRÄNKEN USW. – Wenn Felle von den Formen entfernt werden, sollten sie mit einem leichten Staubwedel bestäubt werden, indem man sie sanft vom Kopf nach unten streicht, um das Gefieder nicht zu zerzausen. Obwohl die Häute gut vor den Angriffen von Demestes und Anthrenus geschützt sind , die sich von der Haut ernähren, besteht dennoch immer die Gefahr, dass die Federn von Motten befallen werden, während auch die Haut an den Füßen oder Schnäbeln leicht gefressen wird. Dies lässt sich verhindern, indem man die Teile mit einer

Lösung aus gebleichtem Schellack in Alkohol wäscht. Der beste Weg, absolute Sicherheit zu gewährleisten , besteht darin, die Felle in insektensicheren Schränken aufzubewahren. Es wurden verschiedene Methoden ausprobiert, um das Eindringen von Motten usw. in Schränke zu verhindern. Am besten und einfachsten ist es jedoch, an der Außenseite der Schubladen eines ansonsten perfekt zusammengefügten Schranks eine Tür anzubringen. Diese Tür ist mit einer Sicke versehen, die die Außenseite umgibt und in eine Nut am Rand des Holzrahmens außerhalb der Schubladen passt, während die gesamte Tür in eine Nut passt, die sich ganz über den Boden erstreckt. Eine andere Methode, die wir bei unseren neuesten Schränken anwenden , besteht darin, jede Schublade mottensicher zu machen, indem wir rundherum einen Rand anbringen, der in eine Nut passt. Anschließend werden alle Schubladen durch einen Flansch an den Seiten abgedeckt.

ABSCHNITT VIII.: MESSOBJEKTE . — Es sollten Exemplare aller seltenen Vögel gemessen werden. Als Anfänger ist es am besten, jedes Exemplar zu vermessen. Ich habe ungefähr fünfzehntausend Vögel gemessen, bevor ich ohne Zutun eine einzige Haut angefertigt habe, und jetzt achte ich darauf, die Abmessungen aller seltenen Exemplare zu ermitteln. Die Abmessungen eines Vogels werden wie folgt ermittelt, wobei Teiler und eine in Hundertstel Zoll angegebene Regel verwendet werden: Messen Sie zunächst die äußerste Länge von der Spitze des Schnabels bis zum Ende des Schwanzes. dann die extreme Ausdehnung des Flügels von Spitze zu Spitze; dann die Länge eines Flügels vom Schulterblattgelenk bis zur Spitze des längsten Federkiels; als nächstes die Länge des Schwanzes vom Ende der längsten Feder bis zu ihrer Basis am Ansatz in den Muskeln; jetzt die Länge des Schnabels entlang des Halms oder der Sehne der Oberkiefer; und des Tarsus vom Fußwurzelgelenk bis zur Zehenbasis. Ich habe ein leeres Blatt liniert und fülle es gemäß dem Beispiel aus (Seite 62).

CAMPEPHILUS PRINCIPALIS.

NEI N.	Se x.	Lokalit ät.	Datum .	Län ge.	Streck en.	Flüg el.	Schwa nz.	Rechnu ng.	Tars us.	Farbe von			Bemerkun gen.
										Aug e.	Rechnun g.	Füße.	
1936	♂	Gulf Humm ock, Florida	20. Novem ber 1882	20.35	31.00	9.30 Uhr	6.35	2,75	1,80	Gel b	Elfenbein weiß	Grünl ich	Gefieder, neu
1937	♀	,,	,,	19.75	30.00	9.00	6.25	2,65	1,60	,,	,,	,,	,,

NEIN.	Sex.	Lokalität.	Datum.	Länge.	Strecken.	Flügel.	Schwanz.	Rechnung.	Tarsus.	Farbe von			Bemerkungen.
										Auge.	Rechnung.	Füße.	
1938	♂	„	„	21.00	32.00	9.60	6,50	2,80	2,00	„	„	„	„

NEIN.	1936	1937	1938
Sex.	♂	♀	♂
Lokalität.	Gulf Hummock, Florida	„	„
Datum.	20. November 1882	„	„
Länge.	20.35	19.75	21.00
Strecken.	31.00	30.00	32.00
Flügel.	9.30 Uhr	9.00	9.60
Schwanz.	6.35	6.25	6,50
Rechnung.	2,75	2,65	2,80
Tarsus.	1,80	1,60	2,00
Farbe von — Auge.	Gelb	„	„
Farbe von — Rechnung.	Elfenbeinweiß	„	„
Farbe von — Füße.	Grünlich	„	„
Bemerkungen.	Gefieder, neu	„	„

ABSCHNITT IX.: ÜBERARBEITUNG ALTER HÄUTE. — Manchmal ist es bei seltenen Vögeln wünschenswert, unsachgemäß präparierte Exemplare in repräsentative Felle umzuwandeln. Bereiten Sie einen Anfeuchtkasten vor, indem Sie eine Menge Sand, der so angefeuchtet ist, dass nur noch Wasser tropft, in ein beliebiges Metallgefäß mit dicht schließendem Deckel geben.

Dann wickeln Sie das zu überarbeitende Präparat in Papier ein, legen es auf den Sand und bedecken es mit einem feuchten, mehrfach gefalteten Tuch. Setzen Sie den Deckel auf das Gefäß und stellen Sie es etwa vierundzwanzig Stunden lang an einen mäßig warmen Ort, wenn die Probe klein ist, bzw. länger, wenn es sich um eine große Probe handelt. Am Ende dieser Zeit ist die Haut recht geschmeidig. Entfernen Sie dann die Watte und untersuchen Sie die Innenseite der Haut sorgfältig. Wenn es harte Stellen gibt, die durch eine zu dicke Haut entstanden sind, kratzen Sie diese mit einem stumpfen Messer oder besser mit unserer Hautraspel ab und verdünnen Sie sie so bis die Federn darüber so flexibel sind wie an jedem anderen Teil. Wenn sich nach dem Schaben Fett auf den Federn oder der Innenseite der Haut befindet, waschen Sie es mit Benzin und trocknen Sie es wie beschrieben mit einem Konservierungsmittel. Wenn jeder Teil des Exemplars vollkommen biegsam ist und alles überflüssige getrocknete Fleisch entfernt wurde, vernähen Sie die Risse und schminken Sie es wie bei frischen Vögeln, aber solche Häute erfordern im Allgemeinen ein sorgfältigeres Binden. Auch bei kleinen Vögeln ist es häufig notwendig, den Hals zu drahten, insbesondere bei stark zerrissener und verfaulter Haut.

KAPITEL IV.
MONTIERENDE VÖGEL.

ABSCHNITT I.: INSTRUMENTE. – Die für die Montage erforderlichen Instrumente sind Schneidzangen (Abb. 12) oder Blechscheren, Spitzzangen (Abb. 11), Drähte verschiedener Größen, Pinzetten und andere Geräte, die bei der Häutung verwendet werden. Beinahlen für getrocknete Häute und Ahlen für Bohrständer; auch Ständer verschiedener Art.

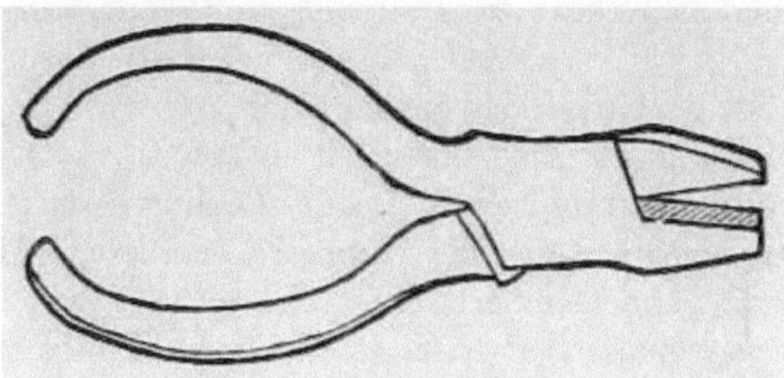

ABB. 11.

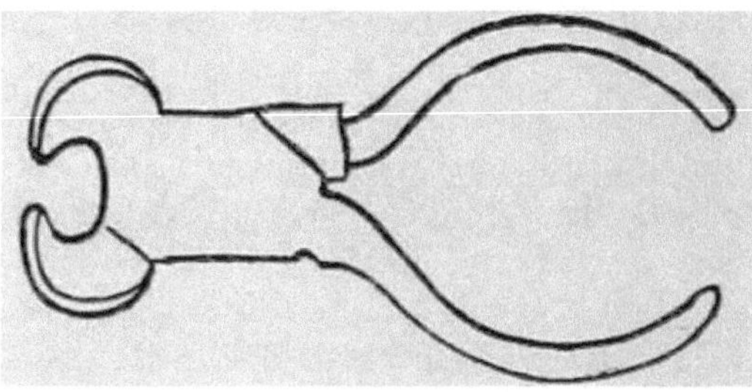

ABB. 12.

ABSCHNITT II.: MONTAGE AUS FRISCHEN EXEMPLAREN. — Stellen Sie sicher, dass die Haut in jeder Hinsicht vollkommen sauber ist, bevor Sie mit der Montage beginnen, da sie danach nicht annähernd so gut gewaschen werden kann. Entfernen Sie alle Körper der gehäuteten Exemplare gut aus dem Weg und breiten Sie ein sauberes Blatt Papier an der Stelle aus, an der die Häutung vorgenommen wurde, damit keine Gefahr einer Verschmutzung des Gefieders besteht. Machen Sie einen Körper aus feinem Gras, Holzwolle oder, besser gesagt, dem besonderen zähen Gras, das an schattigen Orten auf sandigem Boden wächst, indem Sie es mit Faden umwickeln, so formen , dass es ziemlich fest ist, und es in den Händen formen bis es die exakte Länge und Breite des entfernten Körpers annimmt und seiner Form so nahe wie möglich kommt. Achten Sie daher darauf, dass der Rücken voller ist als die Unterseite und dass die Brust gut ausgeprägt ist.

Es sollte sehr darauf geachtet werden, dass dieser Körper nicht größer wird als der natürliche; Wenn überhaupt, sollte es kleiner sein. Schneiden Sie mit der Zange ein Stück Draht in der richtigen Größe ab, das heißt etwa halb so groß wie der Fußwurzeldurchmesser des Vogels und etwa dreimal so lang wie der Körper. Beim Schneiden aller zu schärfenden Drähte sollte der Schnitt diagonal darüber erfolgen, so dass eine Spitze entsteht. Schieben Sie diesen Draht so durch den Körper, dass er vorne viel näher am Rücken als an der Brust austritt und so herausragt, dass er der Länge des Halses und der Zunge des entfernten Körpers entspricht. Biegen Sie das hinten verbleibende Ende um, drehen Sie es etwa zur Hälfte nach unten und drücken Sie es in den Körper (Abb. 13 , c). Dieser hält fest, wenn der Körper ausreichend stabil gemacht wurde. Umwickeln Sie den Draht mit Watte, indem Sie einen Streifen nehmen und ihn nach und nach aufwickeln, sodass er eine sich verjüngende Form annimmt und ein Teil des Drahtes herausragt. Platzieren Sie diesen Körper in der Haut und schieben Sie den hervorstehenden Draht in den Oberkiefer. Schneiden Sie zwei Drähte ab, die etwa halb so groß sind wie der bereits verwendete und doppelt so lang wie der ausgestreckte Flügel. Arbeiten Sie diese in die Flügel ein, beginnend am fleischigen Teil der Fingerglieder, und dann in den Körper hinein. Achten Sie dabei darauf, dass sie nirgendwo durch die Haut dringen. Der Draht sollte an der Stelle in den Körper eindringen, an der das Ende des unteren Teils des Unterarms ihn berührt, wenn der Flügel auf natürliche Weise gefaltet ist. Führen Sie den Draht diagonal durch den Körper, bis er austritt, sodass er mit der Zange irgendwo in der Nähe der Öffnung gegriffen und fest geklemmt werden kann. Suchen Sie als nächstes den Mittelhandknochen, der in der Mitte eine Aussparung hat (Abb. 14 , f), und schieben Sie das obere Ende des Drahtes durch ihn hindurch, so dass etwa ein Viertel Zoll an der Oberseite des Flügels hervorsteht Biegen Sie diese nach unten, indem Sie eine Backe der Flachzange auf der gegenüberliegenden Seite des Flügels ansetzen. Dadurch wird der Flügel fest befestigt, und der Nebenflügel bedeckt den Draht, während der Flügel auf der Unterseite von den Federn verdeckt wird. Dabei sollte der Flügel ausgestreckt sein.

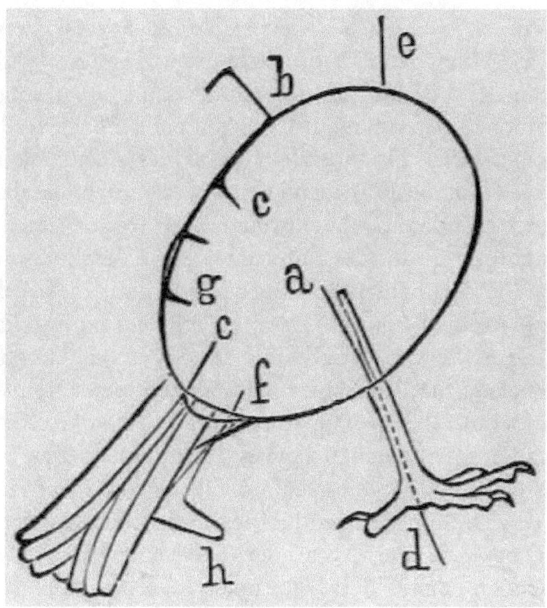

ABB. 13.

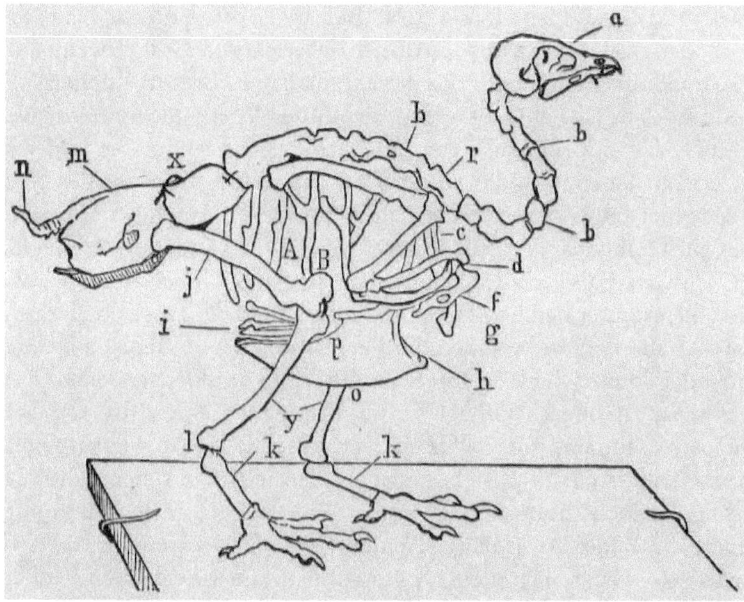

ABB. 14.

Schneiden Sie den Draht für die Beine in der gleichen Größe wie für den Hals und etwa genauso lang ab. Führen Sie sie durch den Tarsus nach oben und führen Sie sie in der Mitte der Fußsohle ein. Stellen Sie sicher, dass der

Draht vollkommen gerade ist, bevor Sie dies versuchen. Eine gute Möglichkeit, den Draht zu glätten, besteht darin, ein Kiefernbrett auf den Boden zu legen, sich darauf zu stellen und dann einen langen Drahtzug darunter zu ziehen, indem man das Ende mit einer Zange festhält. Oder Sie glätten ein kleines Stück Draht, indem Sie es mit einer Feile auf der Bank rollen. Wenn die Haut der Fußwurzel beim Bohren reißt, ist das ein Zeichen dafür, dass der verwendete Draht entweder zu groß oder schief ist. Nachdem der Draht bis zum Fersen- oder Fußwurzelgelenk geschoben wurde (Abb. 15 , f), drehen Sie den Schienbeinknochen nach außen, bis die Spitze des Drahtes zum Vorschein kommt. Dann sollten Sie ihn ergreifen und nach oben ziehen, sodass die Spitze leicht über den Schienbeinknochen hinausragt gemeinsam. Wickeln Sie den Schienbeinknochen, den Draht und alles mit Watte oder Kabel um (bei großen Exemplaren sollte der Draht mit feinem Draht oder Faden am Knochen befestigt werden), sodass ein natürliches Bein entsteht, und ziehen Sie es dann wieder in die Haut ein. Führen Sie anschließend den Draht durch den Körper an der Stelle, an der das Knie ihn berührt, oder etwa in der Mitte der Seite. Der Draht wird auf der gegenüberliegenden Seite herauskommen. Drehen Sie die Haut der Körperöffnung nach unten, ziehen Sie den Draht heraus und lassen Sie dabei etwa so viel aus der Fußsohle herausragen, dass er durch die Sitzstange eines Ständers und einer Anspannung passt. Befestigen Sie dann das Ende fest im Körper. Bei großen Vögeln wie Adlern ziehe ich den Draht zweimal durch den Körper, bevor ich ihn zusammenpresse, um alles zu sichern. Diese Arbeit muss gut ausgeführt werden, damit der Vogel gut montiert werden kann, da er fest auf seinen Füßen stehen muss. Verwenden Sie in der Regel einen Draht, der mindestens so groß ist, dass er das Gewicht des Körpers und der Haut tragen kann, ohne sich zu verbiegen. Im Allgemeinen reicht jedoch ein Draht aus, der halb so groß wie die Fußwurzel ist. Schneiden Sie einen Schwanzdraht ab, der mindestens so lang ist wie der ganze Vogel. Führen Sie es unter den Schwanz ein, so dass es in die Muskeln eindringt, in denen sich die Federn befinden, und achten Sie darauf, dass es diese nicht auseinander spreizt; Schieben Sie es in der Mitte des Körpers nach oben, so dass es genau am oberen Teil der Körperöffnung schräg austritt, und drücken Sie es fest zusammen. Biegen Sie das verbleibende Ende zweimal unter den Schwanz, sodass ein T entsteht, auf dem der Schwanz ruhen kann, dessen Oberseite jedoch breit genug sein sollte, um den Schwanz auf die erforderliche Breite zu spreizen. Achten Sie beim Drahten darauf, dass das Gefieder so wenig wie möglich zerzaust ist; Vermeiden Sie außerdem Verschmutzungen, indem Sie die Probe auf sauberem Papier aufbewahren. Sollten die Federn versehentlich fettig werden, können sie durch großzügiges Besprühen mit dem Hautkonservierungsmittel gereinigt und anschließend abgebürstet werden.

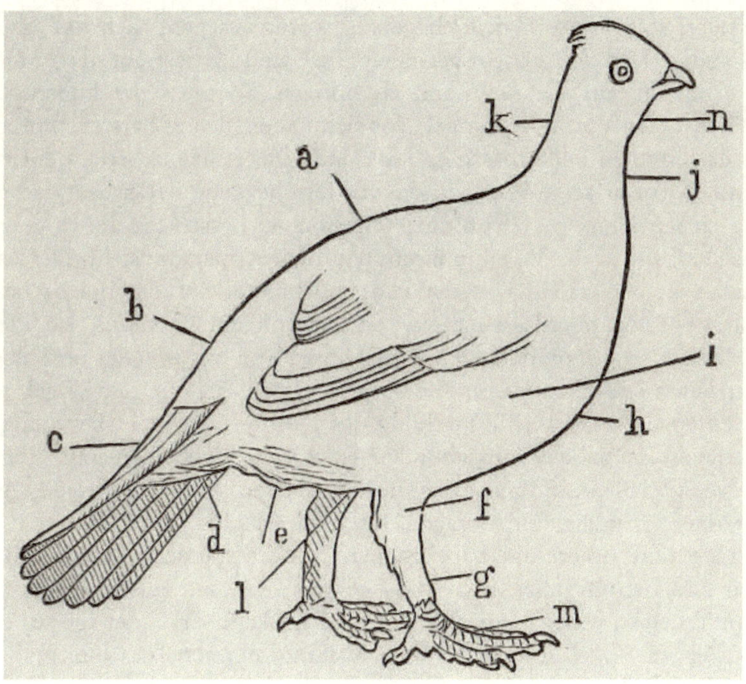

ABB. 15.

Nähen Sie die Öffnung sauber zu und achten Sie dabei wie zuvor beschrieben darauf, nur den äußersten Außenrand der Haut einzufassen; und wenn der Körper nicht zu groß ist, passt er gut zusammen. Wenn der Körper insbesondere an der Brust nicht groß genug ist, kann vor dem Nähen etwas Watte zwischen Haut und Körper gelegt werden. Dies muss sorgfältig erfolgen, jedoch mit einer Pinzette, nicht so, dass ein Bündel entsteht, sondern so ausgebreitet, dass es sich gut an die Rundung des Körpers anpasst. Stecken Sie nun die Drähte, die aus den Füßen herausragen, in Löcher, die in die Sitzstange des Ständers gebohrt sind. Sie sollten ungefähr so weit voneinander entfernt sein, wie der Vogel beim Sitzen natürlicherweise steht. Achten Sie darauf, dass die Füße gut auf der Sitzstange landen und die Zehen richtig angeordnet sind. Denken Sie daran, dass Kuckucke, Spechte usw. zwei Zehen vorne und zwei hinten haben, während bei Habichten, Eulen usw. die äußere Zehe im Allgemeinen rechts steht Winkel zu den anderen bilden und deshalb das Ende des Ständers umfassen. Drehen Sie entweder die Enden des Drahtes zusammen oder wickeln Sie sie sehr fest um den Ständer. Jetzt kommt der schwierigste Teil der Montage. Bisher war alles nur mechanisch; Es mussten lediglich bestimmte Regeln beachtet werden. Aber jetzt muss der Lehrer innehalten, weil ihm die Worte fehlen, um seine Bedeutung auszudrücken, denn wer kann einem Künstler sagen, wie er die kühnen und hastigen Striche, mit denen er sein Bild entwirft, anbringen soll? Er weiß jedoch genau, worum es geht, denn er hat das vollständige Bild vor seinem geistigen Auge und ist bestrebt, das, was vor ihm erscheint, auf die Leinwand zu bringen. So muss der künstlerische Präparator eine Vision des Vogels vor sich haben, den er darstellen möchte, mit der gesamten Federmasse in der Hand. Ob leicht flugbereit oder ruhig sitzend, bevor er seine Hand an die vor ihm liegende Arbeit legt, lasse ihn völlig entscheiden, was er produzieren möchte. Lassen Sie ihn es genauso klar sehen, wie er die Vögel in ihrem natürlichen Element sieht. Der wahre Künstler kopiert nicht, was die Fantasie anderer hervorgebracht hat, er erfindet es selbst oder lässt sich von der Natur leiten. Lasst uns also, die wir das Höchste in der präparativen Kunst anstreben, uns von der unfehlbaren Natur leiten lassen. Studieren Sie sorgfältig jede Haltung der Vögel, jedes Aufrichten der Flügel, jede Drehung des Kopfes oder jede Bewegung der Augenlider. Ich habe es mir schon lange zur Gewohnheit gemacht, Vögel in Gehegen zu halten, um mir die unterschiedlichen Verhaltensweisen, die sie einnehmen, gründlich einzuprägen. Ich hatte fast alle Arten unserer Eulen, Habichte und Adler und habe Reiher, Möwen, Seeschwalben, Pelikane, Alken und fast unzählige kleinere Vögel gehalten, und auf diese Weise bin ich mit ihnen so vertraut geworden, dass ich es kann Erkennen Sie auf einen Blick, ob ein Vogel in einer leichten Haltung montiert ist. Nun, man darf nicht zögern, Vögel zu besteigen, sonst trocknen die Exemplare aus; und ich werde lediglich angeben, in welcher Reihenfolge ich die verschiedenen Mitglieder anordne, und die Einstellungen dann meinen Schülern überlassen. Ich sehe zunächst, dass der Vogel richtig steht, dass die Beine angewinkelt sind, damit der Vogel in der Position, in der ich ihn platzieren möchte, gut balanciert. In der Regel fällt eine senkrechte Linie, die durch den Hinterkopf eines sitzenden Vogels gezogen wird, durch seine Füße (siehe Abb. 16, *aa*). Bringen Sie nun den Vogel in Position und falten Sie die Flügel genau so, wie der Vogel es tut. Beachten Sie, ob die Skapuliere, Tertiäre und Sekundäre an ihren richtigen Stellen liegen, das erste am höchsten und die anderen darunter, was dem Vogel einen gut abgerundeten Rücken verleiht. Bringen Sie den Vogel nun in die richtige Haltung, wobei der Hals richtig gebeugt ist. Denken Sie daran, dass dieser bei fast allen Vögeln fast die Form des Buchstabens S annimmt, insbesondere bei Arten mit langem Hals. Ich mag es nicht, wenn ein Vogel direkt nach vorne starrt, aber da es sich dabei um reine Einbildungssache handelt, werde ich mir nicht anmaßen, Haltungen vorzuschreiben, sondern das Exemplar nur einfach aussehen zu lassen. Seien Sie künstlerisch, auch wenn das Exemplar in ein öffentliches Museum geht, wo Vögel die Besucher allzu oft in grotesken Haltungen anstarren. Selbst wenn man über das trockenste wissenschaftliche Thema schreibt, kann man interessant und leicht sein — warum dann nicht auch unseren Museumsexemplaren Leichtigkeit und Anmut verleihen? Es muss kein Platz mehr belegt werden; Eine leichte Drehung des Kopfes, eine Drehung des

Halses oder eine Vorwärtsbewegung eines Fußes wird dies genauso bewirken, wie es ein Vogel tun würde, wenn er am Leben wäre. Platzieren Sie nun die Augen, diese sollten gut in den Ton gedrückt werden und die Lider sollten auf natürliche Weise mit einer Nadel darüber angeordnet werden. Achten Sie darauf, dass die Augen nicht zu groß sind, da dies dem Vogel einen starrenden Ausdruck verleiht, und auch nicht zu klein, sondern so nah wie möglich an den entfernten natürlichen Augen. Wenn Sie Augen bei einem Händler bestellen, wäre es sinnvoll, die Maße des benötigten Auges in Hundertstel Zoll anzugeben. Ein gut gefärbtes Auge sollte meiner Meinung nach nicht zu viel klares oder flintfarbenes Glas vor der Pupille haben. Dieser soll dünner und damit flacher ausfallen, wie aus Sicht der deutschen Manufaktur zu erkennen ist. Was die perfekte Färbung angeht, sind die französischen Augen die besten und ausdrucksstärksten, aber sie haben nicht die erforderliche Flachheit und die Feinheit des Feuersteins, die die deutschen Augen besitzen. Englische Augen dürfen im Qualitätskatalog an dritter Stelle genannt werden, während Amerika leider an letzter Stelle stehen muss. Die obigen Ausführungen gelten jedoch nur für farbige Augen, da schwarze Augen fast immer gut sind, egal wo sie hergestellt werden.

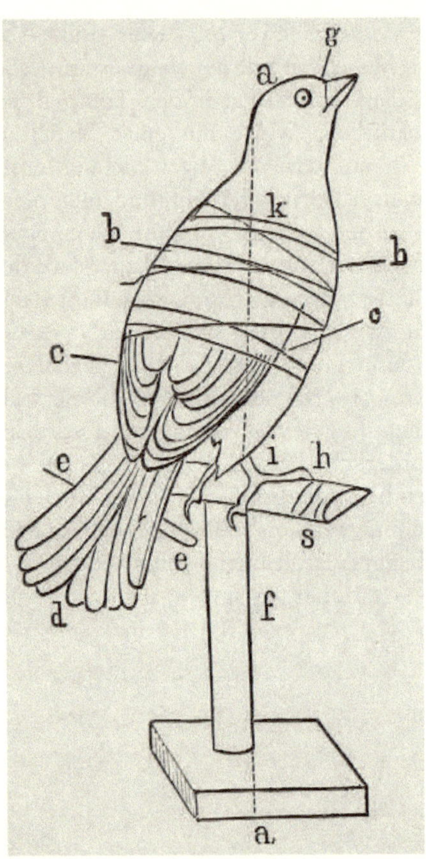

ABB. 16.

Nachdem Sie den Vogel in die gewünschte Haltung gebracht haben, glätten Sie die Federn mit Hilfe einer kleinen Pinzette und achten Sie darauf, dass sich alle Linien und Punkte an der richtigen Stelle befinden. Die Primärpinole sollten durch Festklemmen mit feinem Draht in Position gehalten werden; Das heißt, ein Stück Draht sollte wie eine Haarnadel in sich selbst gebogen und über die Kante des Flügels geschoben werden. Spreizen Sie den Schwanz, indem Sie ihn auf das darunter liegende Drahtkreuzstück legen, und klemmen Sie ihn mit einem Stück sehr feinem Draht fest, das um jedes Ende des Kreuzstücks gewickelt wird. Wenn der Schwanz sehr weit gespreizt werden soll, führen Sie einen Draht durch die beiden äußeren Federkiele und halten Sie sie so auseinander. Allerdings sollte auch dann die Klemme verwendet werden. Wenn ein konvexer oder konkaver Schwanz gewünscht wird, binden Sie das Querstück entsprechend ein. Ich empfehle im Allgemeinen nicht, frisch gehäutete Vögel zu binden, und halte es auch nicht für notwendig, außer in Fällen, in denen die Federn rau sind. Wenn ein Vogel richtig montiert ist, halten ein paar weitere Klammern an den Flügeln ihn in

Form; Dann können die Federn so hervortreten, wie es in der Natur der Fall ist, und nicht dicht am Körper anliegen, als ob die Vögel große Angst hätten. Besonders auffällig ist dies bei Eulen; Eine vollkommen glückliche und zufriedene Eule, die ihrer Berufung nachgeht, hat offenbar einen Körper, der fast oder sogar doppelt so groß ist wie der einer verängstigten Eule.

ABSCHNITT III.: HAUBENVÖGEL . — Wenn ein Vogel einen Kamm hat, sollte dieser angehoben werden, indem man die Haut vorsichtig nach vorne zieht, wo sie nach dem ordentlichen Ordnen an Ort und Stelle bleibt; aber im Falle einer ausgetrockneten Haut kann es notwendig sein, den Kamm mit einem Stück Watte zu stützen, das auf dem Kopf einer Stecknadel geformt ist , deren Spitze im Kopf versenkt ist.

ABSCHNITT IV.: AUFSTEIGEN MIT AUSGEBREITETEN FLÜGELN. — Beim Häuten für ausgebreitete Flügel sowohl den Oberarm als auch den Unterarm belassen und die Federkiele nicht abtrennen, wie bereits erwähnt. Verdrahten Sie den Flügel von innen und drücken Sie ihn fest in den Körper. Wickeln Sie den Oberarmknochen mit Watte auf die natürliche Größe ein, nachdem Sie den Stützdraht mit feinem Draht oder Faden am Knochen befestigt haben. Schieben Sie beide Drähte gleichzeitig in die Schultern des künstlichen Körpers und bringen Sie gleichzeitig den Halsdraht und den Körper in Position. Das kann man durch Übung lernen. Gehen Sie wie zuvor vor, stützen Sie die Flügel jedoch beim Aufstellen auf beiden Seiten mit langen Drahtklammern ab. Stellen Sie jedoch sicher, dass der Stützdraht stark genug ist, um den Flügel ohne diese in Position zu halten. Daher sind die Flügel im trockenen Zustand sehr stabil.

ABSCHNITT V.: MONTAGE VON VÖGELN FÜR SCHIRME USW. – Verfahren Sie wie bei Exemplaren mit ausgebreiteten Flügeln, aber manchmal sollten die Flügel abgeschnitten und auf gegenüberliegenden Seiten angenäht werden, damit sie umgekehrt werden können; Das heißt, die Rückseite des Flügels kann in Richtung der Brust zeigen, wenn die Rückseite der Flügel und die Brust sichtbar sein sollen. Es ist üblich, die Flügel über den Kopf zu strecken, der zwischen ihnen hervortritt. Die Flügel sollten besser mit mit Draht befestigten Pappstreifen in Position gehalten werden. Manchmal sind beide Seiten des Exemplars sichtbar; oder in anderen Fällen ist die Rückseite mit Papier, Seide, Samt oder anderem Material bedeckt.

ABSCHNITT VI.: MONTAGE GETROCKNETER HÄUTE. — Weichen Sie die Haut entsprechend den Anweisungen zur Herstellung übergetrockneter Häute auf, beachten Sie dabei die in diesem Abschnitt aufgeführten Vorsichtsmaßnahmen und achten Sie darauf, dass die Haut sehr geschmeidig ist. Die Augenhöhlen können aus dem Mund oder aus der Innenseite der Haut gefüllt werden. Wenn die Haut zu empfindlich zum Drehen ist, reiben Sie sie durch die Öffnung ab. Befestigen Sie sich bei frischen Exemplaren wie angegeben, aber getrocknete Häute müssen fast immer mit Wickelwatte umwickelt werden, um die Federn an Ort und Stelle zu halten. Sie erfordern auch eine etwas härtere Füllung mit Baumwolle. Dieses sollte in einer möglichst durchgehenden Schnur um den Vogel gewickelt werden, bis alle Federn glatt anliegen. Sie können mit einer kleinen Pinzette unter den Bindungen angeordnet werden. Vermeiden Sie zu enges oder zu festes Binden und vor allem ein gleichmäßiges Binden, d. Kleinvögel sollten mindestens eine Woche an einem trockenen Ort stehen, bevor die Bindungen entfernt werden. Aus Fellen montierte Vögel trocknen schneller als aus frischen Exemplaren. Große Vögel sollten zwischen zwei Wochen und einem Monat stehen, insbesondere wenn die Flügel ausgebreitet sind. Um die Bindefäden zu entfernen, schneiden Sie die Rückseite ab und nehmen Sie so alles auf einmal ab.

ABSCHNITT VII.: PREISE FÜR MONTAGEVÖGEL . — Zur Erleichterung für Amateure, die nicht immer wissen, welchen Preis sie für gute Arbeit verlangen sollen, geben wir unsere Preisliste für die Montage von Exemplaren auf Zierständern. Größe vom Kolibri bis zum Rotkehlchen, ein Dollar und fünfundzwanzig Cent; Rotkehlchen bis Wildtaube, ein Dollar und fünfzig Cent; Wildtaube zum Auerhahn, zwei Dollar; Auerhühner, Enten, kleine Eulen, zwei Dollar und fünfzig Cent; große Falken und mittelgroße Eulen, drei Dollar und fünfzig Cent; Seetaucher und große Eulen, fünf Dollar; Adler, sieben Dollar. Für Vögel mit ausgebreiteten Flügeln addieren Sie 33 und ein Drittel Prozent.

ABSCHNITT VIII.: TAFELARBEITEN . – SPIELFIGUREN USW. – Tafelarbeiten werden hergestellt, indem nur die Hälfte einer Probe verwendet wird, wobei die Rückseite nach innen gedreht oder entfernt wird. Die Probe wird wie üblich montiert und mit seitlich austretenden und fest im Körper verankerten Drähten am Bild oder einem anderen als Hintergrund dienenden Motiv befestigt. Spielfiguren werden hergestellt, indem das Exemplar einfach montiert und dann so platziert wird, als ob es tot hängen würde. Es ist viel Geschick und Studium nötig ist für Arbeiten dieser Art erforderlich, denn wenn es nachlässig ausgeführt wird, wirkt es wie ein schlechtes Gemälde, aber wenn es gut ausgeführt ist, erzeugen sowohl die Tafel als auch die Spielfiguren einen angenehmen Effekt. Alle derartigen Arbeiten sollten in der Regel hinter Glas erfolgen, wie es in der Tat bei allen Reitvögeln der Fall ist, insbesondere bei Vögeln mit leichtem Gefieder, bei denen die Gefahr besteht, dass sie durch Staub verschmutzt werden. Reitvögel, die nicht in mottensicheren Käfigen gehalten werden, sollten mindestens zweimal pro Woche sorgfältig abgestaubt werden, um Mottenbefall vorzubeugen.

KAPITEL V.
STÄNDER MACHEN.

ABSCHNITT I.: EINFACHE STÄNDE. — Die besten Ständer für den Schrank sind einfache, maschinell gedrechselte Holzständer aus Kiefernholz oder anderen Hölzern mit einem einfachen Querstück zum Sitzen von Vögeln. In der Regel sollte der Schaft etwa so hoch sein, wie die Traverse lang ist, bei Exemplaren mit langem Schwanz sollte der Schaft jedoch etwas höher sein, während der Durchmesser der Basis etwas größer als die Länge der Sitzstange sein sollte. und sollte etwa so dick sein wie der kürzeste Durchmesser der anderen Teile.

ABSCHNITT II.: ZIERSTÄNDE . — Die Herstellung von Pappmaché zur Herstellung von Zierständern ist ziemlich schwierig, aber hier ist das Rezept: Reduzieren Sie das Papier zu einem perfekten Brei, indem Sie es kochen und dann durch ein Sieb reiben. Zu jedem Liter dieses Breis fügen Sie einen halben Liter feine Holzasche und einen halben Liter Gips hinzu. Erhitzen Sie diese Masse über dem Feuer und fügen Sie zu jedem Liter ein Viertel Pfund Leim hinzu, der in einem Leimtopf gründlich aufgelöst wurde. Gut vermischen, bis die Konsistenz einer Spachtelmasse erreicht ist und dann gebrauchsfertig ist.

Um einen Zweig für einen gewöhnlichen Barsch herzustellen, befestigen Sie einen mäßig starken Draht in einem Holzsockel; Wickeln Sie es mit Baumwolle um, die an der Basis größer ist und sich zum Ende hin verjüngt. Biegen Sie es in eine Position und bedecken Sie es mit einer Schicht Pappmaché . Markieren Sie dann mit einem Kamm die Rillen in der Rinde eines Baumes und fügen Sie nach Wunsch Äste und Auswüchse hinzu, indem Sie mit den Fingern kleine Stücke formen . Einige Tage zum Trocknen beiseite stellen. Wenn das Pappmaché reißt , enthält es nicht genügend Leim oder schrumpft es zu stark, muss mehr Asche oder Gips hinzugefügt werden. Beim Trocknen der Farbe mit Wasserfarben wird trockene Farbe zu gelöstem Weißleim gegeben und gerührt, bis die Mischung die Konsistenz einer Creme hat. Ein Viertel Pfund Leim nimmt ein Pfund Farbe auf. Bedecken Sie die Unterseite des Ständers mit dieser Farbe oder einer anderen Farbe und bestreuen Sie sie anschließend reichlich mit Smalt oder Glimmersand. Fügen Sie nach dem Trocknen künstliche Blätter zu den Zweigen hinzu, indem Sie die Stängel darum wickeln. Beschneiden Sie die Unterseite des Ständers mit Moos und Gras, die Sie mit Kleber befestigen. Ständer für Koffer werden auf ähnliche Weise hergestellt, aber es ist eine Verbesserung, den Boden hier und da mit trockener Farbe in verschiedenen Farben zu berühren. Ein Stück Spiegel kann verwendet werden, um Wasser zu imitieren; und Enten, von denen die unteren Teile abgeschnitten wurden, können mit gutem Effekt darauf platziert werden. Ein sehr guter Ständer lässt sich herstellen, indem man einfach einen Draht mit Watte umwickelt und die Watte anstreicht. Die Baumwolle kann durch Einweichen in Mehlpaste zu einer Art Pappmaché verarbeitet werden . Felsarbeiten werden entweder aus Pappmaché, Kork, Holzklötzen oder bemalten und geschliffenen Torfstücken hergestellt , oder indem festes Papier über Holzstücke geklebt und die gesamte Struktur bemalt und geschliffen wird. Wenn Pappmaché verwendet wird, kann der Effekt durch das Einkleben von Quarz- oder anderen Steinstücken verstärkt werden. Natürliche Stümpfe, Äste usw. können vorteilhaft zu Ständern oder Kästen verarbeitet werden; Kurzum: Mit Hilfe von Pappmaché , Leim, Moos, Gräsern, Smalt usw. kann die Natur auf vielfältige Weise nachgeahmt werden.

TEIL II.
SÄUGETIERE, REPTILIEN USW.

KAPITEL VI.
SAMMELN VON SÄUGETIEREN.

Säugetiere sind in der Regel deutlich schwieriger zu beschaffen als Vögel, insbesondere die kleineren Arten. Mäuse kommen an allen Orten vor. Die Weißfußmäuse findet man oft in verlassenen Nestern von Eichhörnchen oder Krähen in den Baumwipfeln. Springmäuse findet man im Winter auf den Wiesen, unter Heuhaufen oder in Nestern tief in der Erde, wo sie sich in einem Ruhezustand befinden. Auf den Wiesen kommen Feldmäuse verschiedener Arten vor, in denen sie nisten, während die Hausmaus und mehrere Mäusearten Behausungen bewohnen. All diese kleinen Nagetiere lassen sich mit den unterschiedlichsten Ködern fangen, das Gleiche gilt auch für Eichhörnchen, die allerdings recht leicht zu erlegen sind. Das Grau-, Rot- und Flughörnchen lebt in Nestern in Büschen oder Bäumen oder in Löchern in Baumstämmen. Spitzmäuse und Maulwürfe graben sich in den Boden und können gefangen werden, indem man feine Drahtschlingen in ihre Löcher legt. Katzen bringen diese kleinen Säugetiere oft mit und lassen sie herumliegen, da sie sie selten fressen. Eine auf einem offenen Feld gegrabene Grube oder ein Fass, das mit der Oberseite auf Bodenhöhe und zur Hälfte mit Wasser gefüllt ist, dienen dazu, viele seltene kleine Säugetiere zu fangen, die versehentlich hineinfallen. Nerze, Wiesel, Otter, Kaninchen, Stinktiere usw. können gefangen oder erschossen werden. Um Tiere dieser Klasse anzulocken, können verschiedene Köder verwendet werden, und der Inhalt der Duftbeutel jeder dieser Arten ist gut; sowie Fische, Vögel oder kleine Säugetiere. Füchse, Wölfe usw., die in den wilderen Gebieten vorkommen, können erschossen oder gefangen werden, und das Gleiche gilt für Wildkatzen, Pumas und andere große Säugetiere, bei deren Beschaffung der Jäger sich von den Umständen leiten lassen muss.

Kapitel VII.
SÄUGETIERHÄUTE HERSTELLEN.

ABSCHNITT I.: HÄUTUNG KLEINER SÄUGETIERE. — Legen Sie das Tier auf den Rücken, machen Sie einen Einschnitt von etwa einem Drittel der Körperlänge an der Unterseite des Körpers von der Körperöffnung nach vorne, schälen Sie es auf beiden Seiten ab, bis die Knieknochen freiliegen, und schneiden Sie dann das Gelenk durch und ziehen Sie das Bein mindestens bis zur Ferse heraus. Entfernen Sie das Fleisch, bedecken Sie es gut mit Konservierungsstoff, wenden Sie es und verfahren Sie dann genauso mit der anderen Keule. Ziehen Sie bis zum Schwanz herunter und ziehen Sie den Knochen heraus, indem Sie einen Stock auf die Unterseite stecken und ihn nach hinten drücken. Wenn der Schwanzknochen nicht leicht herauskommt, wie bei Moschusratten, wickeln Sie den Schwanz in ein Tuch und schlagen Sie mit einem Holzhammer darauf, dann wird er ohne weitere Probleme herauskommen. Auf beiden Seiten abziehen, bis die Vorderbeine zum Vorschein kommen, an den Ellenbogengelenken abschneiden und diese herausziehen; Das Fruchtfleisch herausnehmen, mit Konservierungsstoff bedecken und wenden. Haut über dem Kopf, dabei darauf achten, das Ohr neben dem Schädel abzuschneiden, damit es nicht in die Außenfläche einschneidet; Ziehen Sie die Ränder nach unten, schneiden Sie zwischen den Lidern und Augenhöhlen bis zu den Lippen, schneiden Sie zwischen diesen und dem Knochen, aber in der Nähe des letzteren, und entfernen Sie so die Haut vollständig vom Schädel. Bedecken Sie die Haut gut mit Konservierungsmittel, nachdem Sie alles Fett und überschüssige Fleischstücke entfernt haben. Drehen Sie dann die Haut um und lösen Sie den Schädel vom Körper, indem Sie vorsichtig zwischen dem Atlas, dem letzten Wirbelgelenk und dem Schädel schneiden. Der Schädel sollte gekocht werden, um alles Fleisch und Gehirn zu entfernen; oder wenn dies nicht ohne weiteres möglich ist und das Säugetier sehr klein ist, rollen Sie es in Konservierungsmittel und legen Sie es auf die Seite. Wenn das Tier groß ist, schneide man so viel Fleisch wie möglich ab und schneide das Gehirn durch die Öffnung in der Schädelbasis heraus. Es ist jedoch immer am besten, das Fruchtfleisch durch Kochen zu entfernen; Danach sollte darauf geachtet werden, den Unterkiefer fest mit dem Oberkiefer zu verbinden.

ABSCHNITT II.: HÄUTUNG GROßER SÄUGETIERE. — Bei großen Säugetieren sollte die Haut durch einen Kreuzschnitt über die gesamte Länge der Brust, zwischen den Vorderbeinen bis zur Brustöffnung und dann an der Unterseite jedes Beins bis zu den Füßen gehäutet werden. Entfernen Sie die Haut, lassen Sie jedoch zwei Knochen und die Gelenke jedes Beins übrig.

Wenn Sie die Hörner eines Hirsches oder eines anderen Wiederkäuers entfernen, machen Sie kreuzweise Schnitte zwischen den Hörnern und dann ein kurzes Stück zurück am Hals entlang. Die Lippen eines großen Säugetiers sollten sorgfältig aufgespalten werden und die Ohren sollten ganz bis zur Spitze herausragen; Dies ist mit etwas Übung machbar. Mit Konservierungsmittel abdecken, gut einreiben und schnellstmöglich trocknen, ohne zu reißen.

ABSCHNITT III.: HÄUTE VON SÄUGETIEREN HERSTELLEN . — Entfernen Sie sämtliches Blut und Schmutz, entweder durch Waschen oder durch kontinuierliches Bürsten mit einer harten Bürste. Mit Konservierungsmittel abtrocknen : Gut in das Haar einreiben. Ziehen Sie die Beinknochen heraus, wickeln Sie sie gut mit Watte ein, bis sie die ursprüngliche Größe des Beins erreichen. Füllen Sie dann den Kopf auf die Größe und Form des Lebens aus, nähen Sie den Hals zu und füllen Sie ihn mit Baumwolle oder Werg bis zum Körper auf die Größe der Natur auf. Nähen Sie die Öffnung zu und legen Sie dann die Haut mit dem Bauch nach unten hin, wobei die Füße sauber ausgelegt sind. und wenn der Schwanz lang ist, legen Sie ihn über den Rücken.

Bei Mäusen und anderen Kleinsäugern sollte der Schwanzknochen nicht entfernt werden, da die Haut nicht einfach ausgefüllt und über den Rücken gestülpt werden kann. Auch große Säugetiere können konfektioniert werden, wenn sie für Schränke oder Häute verwendet werden sollen.

ABSCHNITT IV.: VERMESSUNG VON SÄUGETIEREN. — Es ist genauso einfach, Säugetiere zu messen wie Vögel. Die zu ermittelnden Maße können Sie dem beigefügten ausgefüllten Formular entnehmen, das ich immer verwende.

Arctomys monax.

Locality.	Age.	Sex.	Date.	No.	Nose to					Tail to			Hand.		Height of Ear.	Muzzle.	Girth.	Skull[*]		Remarks
					Eye.	Ear.	Occiput.	Root of Tail.	Outstretched Hind Leg.	End of Vertebra.	End of Hair.	Hind Leg.	Length.	Width.				Length.	Width.	
Ipswich	Adult	♂	Aug. 22	58	1.50	2.95	2.30	13.00	15.00	4.98	6.00	3.10	2.10	.78	.85	.20	—	—	—	Light colored.
"	"	♀	" 20	55	1.57	2.80	3.45	15.50	20.15	4.50	6.75	2.80	1.85	.92	.75	—	14.50	—	—	" "
"	"	♀	" 13	43	1.32	2.94	3.45	15.25	19.50	5.45	7.60	2.95	2.05	.70	.65	.15	9.75	—	—	Top of head black.

Lokalität.			Ipswich	"	"

		Alter.	Erwachsene	„	„
		Sex.	♂	♀	♀
		Datum.	22. August	„ 20	„ 13
		NEIN.	58	55	43
Nase zu		Auge.	1,50	1,57	1.32
		Ohr.	2,95	2,80	2,94
		Hinterkopf.	2.30	3.45	3.45
		Schwanzwurzel.	13.00 Uhr	15.50	15.25
		Ausgestrecktes Hinterbein.	15.00	20.15	19.50
Schwanz zu		Ende des Wirbels.	4,98	4,50	5.45
		Ende der Haare.	6.00	6,75	7,60
Hand.		Hinterbein.	3.10	2,80	2,95
		Länge.	2.10	1,85	2.05
		Breite.	.78	.92	.70
	Höhe des Ohrs.		.85	.75	.65
	Schnauze.		.20	—	.15
	Umfang.		—	14.50	9,75
Schädel [*]		Länge.	—	—	—
		Breite.	—	—	—
	Bemerkungen		Hell gefärbt.	„ „	Oberkopf schwarz.

* Diese Messung erfolgt nach der Häutung des Tieres; Die Breite des Schädels wird an der breitesten Stelle gemessen, die Länge an der längsten Stelle.

KAPITEL VIII.
MONTIERENDE SÄUGETIERE.

ABSCHNITT I.: KLEINE SÄUGETIERE. — Haut wie angegeben, aber der Schädel sollte in der Regel nicht abgetrennt werden, es sei denn, das Tier ist groß genug, um die Lippen zu spalten. Auch die Augenhöhlen sollten mit Ton gefüllt werden. Schneiden Sie ein Stück Draht in geeigneter Größe ab, um den Kopf zu stützen. Halten Sie es etwa doppelt so lang wie Kopf und Körper des Exemplars in der Hand. Drehen Sie die Zange ein oder zwei Umdrehungen, die klein genug ist, um in den Hohlraum in der Schädelbasis einzudringen, der vergrößert werden muss, damit das Gehirn problemlos entfernt werden kann. Legen Sie den gewickelten Teil des Drahtes in diesen Hohlraum und füllen Sie ihn entweder mit Gips aus oder stopfen Sie Holzwolle, Werg oder Baumwolle fest genug ein, um den Schädel vollkommen fest auf dem Draht zu halten. Wickeln Sie einen Körper aus Holzwolle oder Gras auf, der in Form und Größe möglichst genau dem entfernten Körper entspricht. Achten Sie dabei darauf, dass der Hals die richtige Form hat und die Oberfläche sehr glatt ist.

Diese Oberfläche kann mit einer dünnen Schicht Ton oder Pappmaché bedeckt werden , wenn bei kurzhaarigen Säugetieren eine sehr schöne glatte Oberfläche gewünscht wird. Schneiden Sie vier Drähte für die Beine und einen für den Schwanz ab. Führen Sie den Draht an den Vorderbeinen entlang und befestigen Sie sie mit feinem Draht fest am Knochen, insbesondere an den Gelenken. Wickeln Sie nun jedes Bein entsprechend der Größe und Form der entfernten Muskeln mit Baumwolle, Hanf oder Kabel um. Um die Beine sehr genau zu erhalten, kann das eine verwundet werden, bevor die Muskeln des anderen entfernt werden, und so können Messungen durchgeführt werden. Bei kurzhaarigen Säugetieren können die Beine auch mit Pappmaché oder einer dünnen Tonschicht bedeckt sein . Platzieren Sie nun den Körper in Position und achten Sie darauf, dass der Draht des Kopfes über die gesamte Länge des Körpers verläuft und fest eingeklemmt ist.

Die Drähte der Vorderbeine sollten an der richtigen Stelle der Schulter in den Körper eindringen. Die Drähte der Hinterbeine sollten ebenfalls an der Stelle in der Nähe des Rückens in den Körper eindringen, wo sie mit dem natürlichen Körper verbunden sind. Führen Sie einen Draht über die gesamte Länge des Schwanzes und befestigen Sie ihn am unteren Ende des Körpers. Stellen Sie sicher, dass alle Drähte fest angeschlossen sind, und nähen Sie die Öffnung zu. Beugen Sie die Beine in eine möglichst natürliche Position und stecken Sie die aus den Fußsohlen herausragenden Drähte in die Löcher im Ständer oder in der Sitzstange. Beugen Sie den Körper in

Position, setzen Sie die Augen ein, legen Sie die Lider vorsichtig darüber und achten Sie darauf, dass das Auge in den Augenwinkeln die richtige Form hat.

Sie sie während des Trocknens gelegentlich in Form bringen . Glätten Sie den Schwanz sorgfältig und achten Sie auf alle kleinen Details, wie z. B. das Spreizen der Zehen usw. usw., und beobachten Sie diese Tag für Tag sorgfältig, bis das Tier vollkommen trocken ist.

ABSCHNITT II.: GROßE SÄUGETIERE. – Beim Ziehen der Grenzen zwischen Säugetieren, die wie oben beschrieben montiert wurden, und der vorliegenden Methode kann es angebracht sein, zu bemerken, dass die jetzt angegebene Methode in allen Fällen die beste ist, aber bei sehr kleinen Exemplaren etwas zu viel Zeit erfordert. Befestigen Sie fünf große Drähte oder Bolzen geeigneter Größe, um das Säugetier zu stützen, schneiden Sie sie auf die richtige Länge zu und schneiden Sie an beiden Enden etwa fünf Zentimeter lang eine Schraube ein (Abb. 17 , *a*). Schrauben Sie eine breite Flachmutter auf (Abb. 17 , *b*) und legen Sie dann eine weitere Mutter zum Aufschrauben über die erste bereit. Bereiten Sie einen Brettstreifen vor, der etwas kürzer ist als der natürliche Körper des Säugetiers, und bohren Sie in diesen vier Löcher, zwei an jedem Ende, mit einem zusätzlichen zwischen den beiden, aber etwas weiter hinten am vorderen Ende. Nachdem Sie die Bolzen so gebogen haben, dass sie die Beine bilden, legen Sie die Enden in die Löcher und schrauben Sie die Muttern fest. Setzen Sie die unteren Enden der Eisen in die Löcher im Ständer und schrauben Sie die Muttern fest, sodass der Anfang der Struktur steht Firma. Befestigen Sie das Ende des fünften Eisens fest in der Gehirnhöhle, indem Sie es mit Gips ausfüllen oder Holzstücke einkeilen, und schrauben Sie das untere Ende fest. Wickeln Sie nun das Holzwolle auf die Beine, bis es die richtige Größe und Form hat. bedecken Sie es mit einer dünnen Schicht Baumwolle. Legen Sie dann Holzwollestücke in genau der Form und Größe des Lebens auf den Körper und bedecken Sie sie mit Lehm. Der Hals soll nun auf die gleiche Weise geformt werden; Um alle Teile genau zu erhalten, muss man natürlich den entfernten natürlichen Körper zur Hand haben oder die korrekten Maße davon haben. Die Haut, von der die Beinknochen bis zu den Zehennägeln entfernt wurden, kann gelegentlich angepasst werden, um die Wirkung zu beurteilen. Besorgen Sie sich Bleiblech und schlagen Sie es aus, wenn es zu dick ist. Schneiden Sie es in Form des aus dem Ohr entfernten Knorpels. Befestigen Sie den Draht so in diesen Bleistücken, dass die Enden nach unten ragen. Bohren Sie Löcher in den Schädel, in die die Enden eingeführt werden, um so die Stütze zu bilden und die Ohren in der richtigen Position zu halten. Die Schädelmuskulatur mit Holzwolle und Ton oder Pappmaché versorgen , dann die Haut fest anziehen und vernähen. Lippen und Nase mit Pappmaché oder Ton füllen und in Form bringen . Wenn die obigen

Anweisungen befolgt werden, ergibt sich ein montiertes Exemplar, aber ich kann nicht die Ideen vermitteln, die dem Schüler die genaue Haltung, die Schwellung des Muskels und die genaue Form des Auges beibringen müssen, die dem Motiv Leben und Schönheit verleihen Hand; All dies erfordert Geduld, Studium und lange Übung, denn geschickte Präparatoren entstehen nicht sofort, sondern erfordern Erfahrung und sorgfältige Ausbildung.

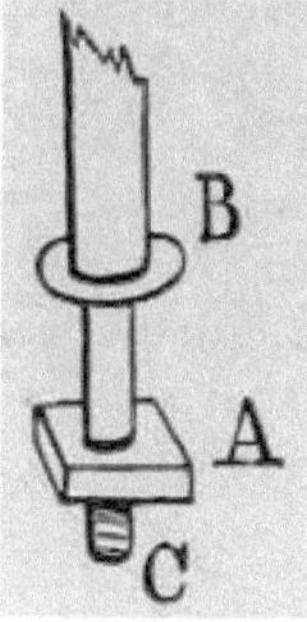

ABB. 17.

ABSCHNITT III.: MONTAGE GETROCKNETER SÄUGETIERHÄUTE . — Häute von Säugetieren müssen in einer starken Lösung von Alaunwasser eingeweicht werden, und wenn sie vollkommen weich sind, achten Sie darauf, dass die Teile über den Lippen, Augen usw. ganz dünn abgezogen werden und dass dann jeder Teil der Haut vollkommen biegsam ist es sollte wie beschrieben angefeuchtet werden.

ABSCHNITT IV.: AUFSTEIGENDE SÄUGETIERE OHNE KNOCHEN. – Wenn der Schädel eines Säugetiers als Skelett gewünscht wird, kann vor der Entfernung des Fleisches ein Abdruck des gesamten Kopfes angefertigt werden, indem der Kopf in eine Kiste gelegt wird, die ihn enthält und einen Raum um ihn herum lässt; Gießen Sie Gips bis zur Konsistenz von Creme ein, bis der Kopf etwa zur Hälfte bedeckt ist – dieser sollte mit dem Unterkiefer nach unten auf den Boden der Schachtel gelegt werden – und lassen Sie den Gips aushärten; Bedecken Sie nun die Oberseite des Putzes mit Farbe oder Öl oder kleben Sie Papier darüber. Füllen Sie dann den Kasten mit frischem Putz auf: Nachdem dieser gut ausgehärtet ist, entfernen Sie die Seite des Kastens und öffnen Sie die Form , an der die Verbindung mit der Farbe oder dem Papier hergestellt wurde. Nehmen Sie den Kopf heraus und schneiden Sie dann ein Loch in die Form an der Schädelbasis, in das der Gips für den Kopf gegossen werden kann. Streichen oder ölen Sie die Innenseite der Form überall, fügen Sie die Teile zusammen, binden Sie sie fest und gießen Sie den Gips für die Form hinein . Setzen Sie dann den Bolzen für den Kopf in das Loch ein und lassen Sie den Gips darum herum aushärten. Entfernen Sie die Form , indem Sie mit einem Meißel Stücke abschlagen, bis die Lackoberfläche freiliegt. Wenn der Kopf groß und schwer ist, kann in der Mitte eine große Holzwollekugel platziert werden, in der der Bolzen fest befestigt ist . Diese muss jedoch mit einer dünnen Tonschicht bedeckt sein, um sie für Gips undurchlässig zu machen. Die Lippen und andere nackte Stellen müssen in der Farbe des Lebens bemalt werden, wobei Farbe mit Lack vermischt wird und die Unvollkommenheiten zunächst mit Paraffinwachs ausgefüllt werden. Von den größeren Exemplaren können Abgüsse aus Wachs angefertigt werden, um eine Form aus Gips herzustellen.

KAPITEL IX.
REPTILIEN, BATRACHIEN UND FISCHE BEFESTIGEN.

Das Besteigen von Reptilien, Batrachien und Fischen, wie sie in dieser Abteilung gesammelt werden, ist kaum ein Teil der Tierpräparation. Ich werde nur allgemeine Anweisungen zur Montage einiger Arten geben. Schlangen können leicht gehäutet werden, indem an der Unterseite, wo der Körper beginnt, sich zu vergrößern, etwa in der Nähe seines größten Durchmessers, ein Längseinschnitt etwa ein Viertel des Abstands vom Kopf nach unten geschnitten wird. Dann kann die Haut schnell in beide Richtungen abgenommen werden. Wenn die Öffnung erreicht ist, löst sich die Haut härter, aber um ein perfektes Stück Arbeit zu machen, muss sie bis zum Ende des Schwanzes gehäutet werden, selbst wenn sie aufplatzt; Die Augen müssen aus der Innenseite des Kopfes entfernt werden. Die Haut auf der Oberseite des Kopfes kann bei dieser Tierklasse nicht entfernt werden, sodass Kiefer und Schädel übrig bleiben. Gut mit Konservierungsmittel bedecken und die Haut wenden. Zum Besteigen werden zwei Arten praktiziert : eine mit Gips, bei dem die Öffnung an der Innenseite und die Entlüftung zugenäht werden und der Gips in den Mund gegossen wird, bis die Schlange gefüllt ist. Es ist jedoch gut, einen Kupferdraht über die gesamte Länge des Tieres zu legen, um es zu stärken; Bringen Sie dann die Schlange in die richtige Haltung, bevor der Gips ausgehärtet ist. Diese Art von Arbeit erfordert Übung, da Sie auf die Haltung achten müssen, in der Sie das Tier platzieren möchten, da der Gips recht schnell auszuhärten beginnt; Damit es jedoch langsamer fest wird, können Sie etwas Salz untermischen. Der Mund sollte mit Ton oder Gips aufgefüllt werden. Es ist darauf zu achten, dass sich in keinem Teil der Haut Wasser ansammelt, und die Haut sollte gelegentlich mit einer Ahle perforiert werden, damit das Wasser entweichen kann. Die Haut einer Schlange kann mit Pappmaché gefüllt werden, indem kleine Stücke nach unten gearbeitet werden; Dann einen Draht einführen und in Position bringen. Die Haut braucht einige Zeit zum Trocknen, und in beiden Fällen stellen Sie das berittene Reptil an einen trockenen Ort, wo es schnell trocknet, da die Haut anfällig für Fäulnis ist, wenn sie an einem feuchten Ort aufbewahrt wird.

ABSCHNITT I.: AUFSTEIGENDE EIDECHSEN, ALLIGATOREN USW. — Reptilien dieser Beschreibung sollten wie Säugetiere durch einen Längseinschnitt im Bauch gehäutet werden. Die Haut am Oberkopf kann jedoch nicht entfernt werden. Gehen Sie bei der Montage genau wie bei Säugetieren vor, aber da es keine Haare gibt, die Defekte verbergen, müssen alle Watte-, Holzwolle- usw. Wunden an den Knochen sehr glatt sein. Die Haltung all dieser Tierklassen neigt dazu, selbst im Leben steif und unbeholfen zu sein; aber durch ein oder zwei Krümmungen des Schwanzes, Drehen des Kopfes oder leichte Krümmung des Körpers kann eine zu große Steifheit vermieden werden.

ABSCHNITT II.: AUFSTEIGENDE SCHILDKRÖTEN. — Um die Haut einer Schildkröte zu entfernen, schneiden Sie mit einer kleinen Säge einen quadratischen Teil des Unterpanzers ab. Dann entfernen Sie den weicheren Teil durch dieses Loch und ziehen die Beine und den Kopf heraus, wie bei Säugetieren; aber die Oberseite des Kopfes kann nicht gehäutet werden. Bei der Montage gehen Sie so weit wie möglich vor wie bei Säugetieren, nur die Beine dürfen bei kleinen Exemplaren mit Ton oder Gips gefüllt werden. Es sollte darauf geachtet werden, die Haut nicht zu voll zu füllen; Aber lassen Sie die Falten so sichtbar sein, wie sie im Leben zu sehen sind, und möglichst genau nachgeahmt werden.

Der Panzer der Weichschildkröte ist ebenso wie der Lederrücken recht schwer in gutem Zustand zu halten – er neigt dazu, sich beim Trocknen zu verformen. Die einzige Methode, die mir in den Sinn gekommen ist, besteht darin, den Körper und die darunter liegenden Teile mit Gipsschichten zu bedecken, die die Schale an Ort und Stelle halten, bis sie trocken ist und dann entfernt werden kann.

ABSCHNITT III.: FISCHE BESTEIGEN. — Fische sind ziemlich schwer zu häuten, insbesondere solche mit Schuppen. Bei Plattfischen entferne ich einen Teil einer Seite und häute die andere; Dann legen Sie das Tier beim Aufsteigen auf die Seite. Das Montieren bedeutet in diesem Fall, den Fisch mit Watte, Werg oder einem anderen verfügbaren Material auf seine natürliche Lebensgröße zu füllen. Auch Gips oder Ton reichen aus. Die Lamellen können flach auf Pappe festgesteckt oder mit feinem Draht befestigt werden.

Beim Häuten von größeren Fischen oder Fischen ohne Schuppen oder schuppigen Fischen mit zylindrisch geformtem Körper wird der Körper von unten geöffnet, indem fast die gesamte Länge des Körpers durchgeschnitten wird. Bei manchen Fischen lässt sich die Haut leicht ablösen, bei anderen ist es schwieriger, sie zu entfernen. Bei der Montage großer Fische wird ein harter Körperkern aus Draht oder Holz verwendet. Die Lamellen sollten von innen verdrahtet werden; Es sollte darauf geachtet werden, dass die Haut glatt auf der darunter liegenden Oberfläche liegt, da diese beim Trocknen deutlich sichtbar wird und alle Unebenheiten um sie herum auftreten.

Bei der Konservierung der Häute aller Reptilien und Fische eignet sich das Dermal hervorragend, insbesondere zum Entfernen des Öls aus den Häuten usw. Bedecken Sie es gut mit dem Konservierungsmittel, dann ist nichts mehr nötig. Häute dieser Tierklasse können durch einfaches Beschichten mit dem Konservierungsmittel für die spätere Montage aufbewahrt und ohne Füllung mit der falschen Seite nach außen gelagert werden. Wenn sie montiert werden sollen, werfen Sie sie in Wasser, in dem eine kleine Menge Dermal gelöst ist. Wenn sie weich sind, drehen und montieren Sie sie wie in frische Häute.